江西理工大学资助出版

尾矿坝地震安全
评估方法与抗震对策

潘建平 ◎ 著

中南大學出版社
www.csupress.com.cn
· 长沙 ·

内容提要

全书共分为九章，主要内容包括：尾矿坝抗震研究概况及进展；尾砂强度特性；尾矿坝地震破坏机制；尾矿坝地震液化与稳定性评价；尾矿坝地震液化流动大变形分析；尾矿坝地震液化侧移与溃坝流滑冲击效应分析；尾矿坝抗震措施及其抗震效果研究；可靠度理论在尾矿坝地震液化评估中的应用；基于三维离散元某尾矿坝溃坝模拟。本书注重实用，力求内容详实，尽量反映新成果、新技术。

本书可供从事岩土、采矿、地质学科的有关科研人员和工程技术人员参考，也可为岩土工程、矿山工程专业学生的学习用书。

前言

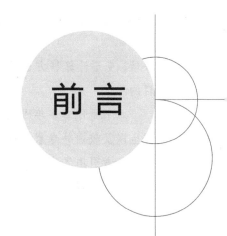

尾矿坝是用来挡阻尾矿使其沉积的土工构筑物，它的使用功能、建筑工艺、坝体结构、建筑材料和静动力特性均不同于一般的水工土石坝。上游式尾矿坝后继断面小及占地少，且工艺简单、造价低。我国大多数尾矿坝均采用上游式修建。国内外震害表明，因上游式尾矿坝浸润线较高，大部分坝体处于饱和状态，在地震作用下易发生液化变形破坏。我国是一个多地震国家，而尾矿坝几乎是永久性建筑，在设计阶段、服务期及闭库后均需要进行抗震分析。因此，深入研究尾矿坝的抗震设计、稳定、变形及抗震对策就显得尤其重要和迫切。

作者长期从事尾矿坝的安全性评价与灾害治理研究工作，并参与了多个尾矿坝的安全评价、加高扩容和病患治理工程。因此，编写本书的指导思想是：以理论为基础，分析方法力求简单实用。

全书共分为九章，主要内容包括：第 1 章，介绍了尾矿坝抗震研究概况及进展；第 2 章，研究了尾砂稳态强度和高应力特性，探讨了颗粒级配的影响；第 3 章，探究了尾矿坝地震破坏模式；第 4 章，研究了尾矿坝地震液化与稳定性评价简易方法，为尾矿坝抗震设计提供参考；第 5 章，采用有限元软件，分析了尾矿坝地震液化流动大变形规律；第 6 章，研究了尾矿坝地震液化侧移计算方法，开展了尾砂溃坝流滑冲击效应试验，并进行了数值模拟；第 7 章，研究了尾矿坝抗震措施，并采用有限元软件分析其抗震效果；第 8 章，基于可靠度理论，提出坝基场地和尾矿坝地震液化评估方法；第 9 章，基于三维离散元软件，对某尾矿坝溃坝滑移进行模拟。全书给出了部分相关的尾矿坝地震安全评估、变形计算等方面的实例，使全书更加浅显易懂，从而达到简单实用的目的。

本书是作者多年研究成果的总结，在此对参与过有关课题研究的同事、研究生以及校内外专家学者的支持与帮助致以诚挚的感谢。在编写此书过程中，作者参考引用了许多国内外学者的文献，在此致以谢意。

由于作者水平有限，书中不足之处在所难免，敬请读者批评指正。

作者

2024 年 5 月

目录

第 1 章 绪 论

1.1 尾矿及其处理现状

矿山开采出来的矿石，经过选矿破碎，从中选出有用矿物后，剩下的矿渣叫尾矿[1]。金属尾矿产生量巨大，可占到我国工业固体废物产生总量的一半以上。我国有尾矿库 1.2 万余座，几乎遍布全国各地，绝大部分为上游式筑坝形成的尾矿库[2]。根据中国矿业联合会统计数据，2015—2020 年这 6 年，我国尾矿堆存量分别为 146 亿 t、168 亿 t、195 亿 t、207 亿 t、220 亿 t、231 亿 t。随着经济的发展、浮选技术的提升及有色金属需求的增加，我国矿石处理量处于快速增长阶段。2011—2021 年，我国尾矿的年产生量始终围绕 15 亿 t 波动（图 1.1）[3]。

1999 年中国矿业联合会受国土资源部委托，对山东、山西、河北、甘肃等省开展矿山尾矿、废石等固体废料及其占地、破坏环境等内容的调查工作[4]。调查结果显示尾矿主要用于塌陷地和井下充填，筑路、建筑材料，如生产尾砂砖、承重砌块、水泥等，但用量有限，生产规模也小。从四个调查省份的尾矿利用情况看，除山东尾矿综合利用率达 25.8%，其他三省只有 5%左右，见表 1.1。可见在我国目前尾矿的利用率是很低的，其他未被利用的尾矿主要是通过修筑尾矿库处置的。

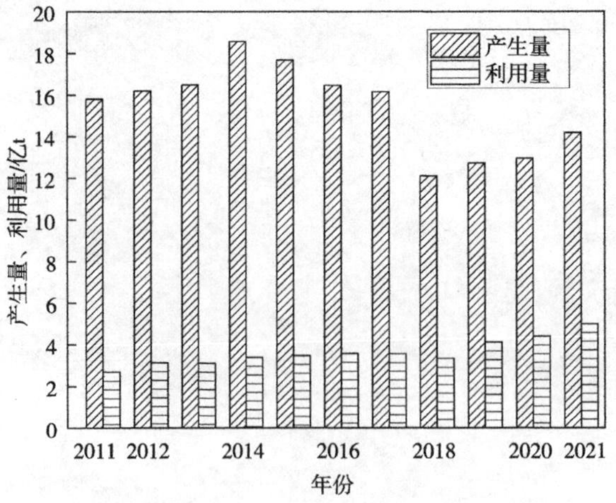

图 1.1　2011—2021 年我国尾矿综合利用情况[3]

表 1.1　四省矿山尾矿利用现状

省份	年利用总量/万 t	累计综合利用量/万 t	综合利用率/%
山东	531.80	4123.64	25.80
山西	74.49	303.70	4.50
河北	878.21	3255.83	5.03
甘肃	65.20	1168.20	4.70
	合计 1549.70	合计 8851.37	平均数 10.00

1.2　尾矿坝

1.2.1　尾矿坝及其分类

尾矿坝是以尾矿堆置材料为工程材料，以人工控制总体结构为工程结构的特殊构筑物，用以拦阻尾矿库内的尾矿料及废水，它是尾矿库最主要的构成部分。尾矿堆积有干法堆积形式和湿法堆积形式之分，目前，普遍采用湿法堆积形式。按照尾矿堆积方式的不同，尾矿堆积可分为上游式、中线式、下游式、高浓度式和水库式等多种方式[1]。

1.2.1.1 上游式尾矿坝

上游式筑坝由于工艺简单、占地少、便于管理、经济合理，而被广泛采用，我国 85%以上的尾矿坝采用该法修筑，如图 1.2 所示。该法筑坝一般在沉积干滩面上，取库区内粗粒尾砂堆筑高度为 1～5 m 的子坝，将放矿支管分散放置在子坝上然后进行分散放矿，待库内充填尾砂与子坝坝面平齐时，再在新形成的尾矿干滩面上，按设计堆坝外坡向内移一定距离再堆筑子坝。同时，又将放矿支管移至新的子坝上继续放矿，如此循环，一层一层往上堆筑。如果遇见尾矿粒度较细时，可采用水力旋流器进行分级堆坝，或用池填法、渠槽法等方法筑坝。

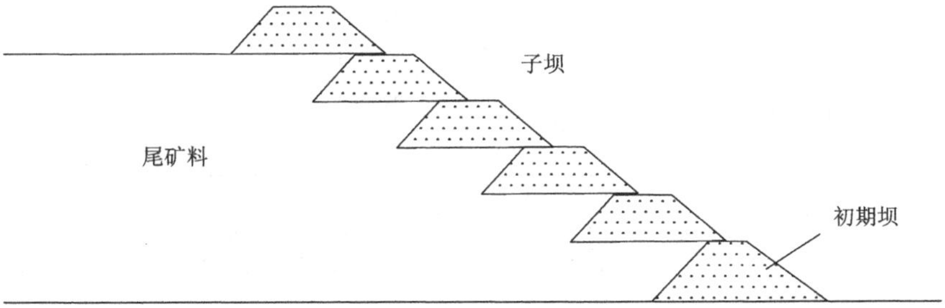

图 1.2　上游式尾矿坝示意

上游式尾矿坝的稳定性，受沉积干滩面的颗粒组成及其固结程度的影响。干滩面坡度由矿浆流量、矿浆浓度、尾矿粒度、库内水位等诸多因素决定。坡度与距离的关系一般成指数分布规律。矿浆流量大、矿浆浓度低、尾矿粒度大、库内水位低（干滩面长），则干滩面坡度就陡，反之干滩面坡度就缓。上游式堆坝的缺点是容易形成复杂的、混合的坝体结构，致使坝体内的浸润线抬高或从坝面逸出，从而引起坝体产生渗透破坏或滑坡、滑塌等现象。尤其是在地震时容易引起液化，大大降低坝体的稳定性。

1.2.1.2 下游式尾矿坝

下游式尾矿坝在初期坝下游方向移动和升高，而不是坐落在松软细粒的尾砂沉积物上，基础较好，尾矿排放堆积易于控制。采用用水力旋流器分出浓度高的粗粒尾矿堆坝，粗颗粒（$d_{50} \geqslant 0.074$ mm）含量不宜小于 70%，否则应进行筑坝试验。坝体可以分层碾压，根据需要设置排渗措施，渗流控制比较容易，将饱和尾矿区限制在一定的范围。坝体稳定性较好，容易满足抗震和其他要求。下游式尾矿坝如图 1.3 所示。

下游式堆坝的主要缺点是需要大量的粗粒尾矿筑坝，特别是在使用初期，存在粗粒尾矿量不足的问题。其解决办法是补充其他材料或高筑初期坝。利用废石补充尾砂的不足，国内有此实例，如峨口铁矿第二尾矿坝就属此种坝型。另外，还有坝坡面一直在变动，使得坝面水土流失严重；同时，占地量和后期筑坝量都很大，运行成本很高。

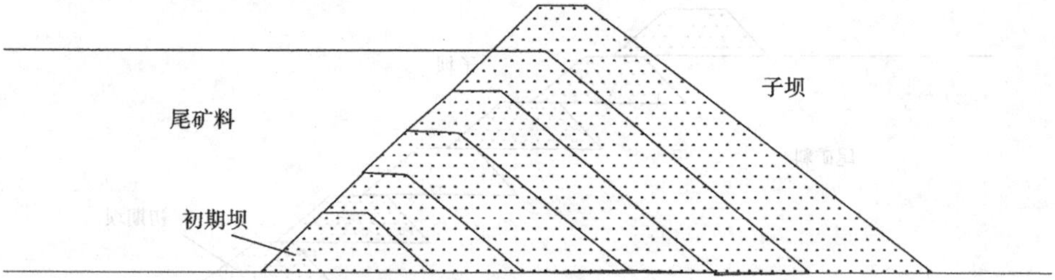

图 1.3　下游式尾矿坝示意

1.2.1.3 中线式尾矿坝

中线式尾矿坝实质上是介于上游式和下游式之间的一种坝型，其特点是在筑坝过程中坝顶沿轴线垂直升高。尾矿仍采用水力旋流器分级，上游式筑坝法和下游式筑坝法基本相似，但与下游式相比，坝体上升速度快，筑坝所需材料少，坝体的稳定性基本上具有下游式的优点，而其筑坝费用比下游式低。同样因坝坡面一直在变动，使得坝面水土流失严重。中线式尾矿坝如图 1.4 所示。我国德兴铜矿 4 号尾矿库就是采用这种坝型。设计地震烈度为 8~9 度的地区，宜采用下游式或中线式尾矿坝。

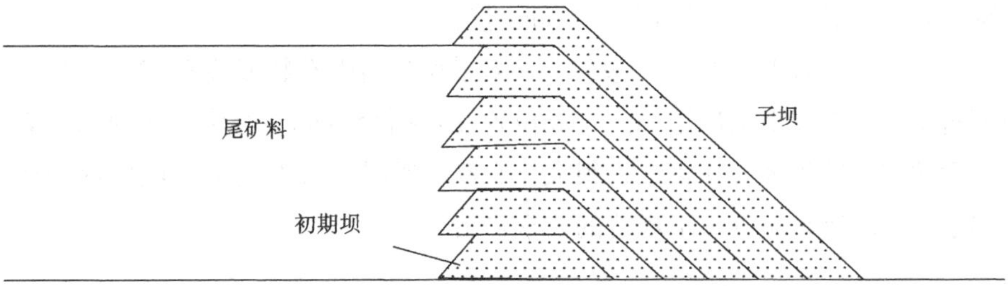

图 1.4 中线式尾矿坝示意

1.2.1.4 高浓度式尾矿坝

近年来，国外兴起了一种高浓度式尾矿的堆积方法。它和传统方法不同，先将尾矿浆浓缩到50%以上，再由砂泵将其输送到尾矿堆积场的某一部位排放，由于高浓度尾矿成浆状或膏状，分级作用比较差，在排放口就可以形成锥形堆积体，堆积体坡度由矿浆的性质所决定。加拿大一些矿山采用该法堆积时堆积体坡度为6%左右，实际上形成的尾矿堆场像干渣堆场一样。为了排放尾矿，需要修筑一些坡道，随着堆积体的增高，逐步抬高坡度。为了收集尾矿的离析水以及尾矿携带的少量细粒矿泥，在堆积区下游一定部位应建立尾矿水澄清池，澄清的水可以被回收利用。为了防止雨水冲刷及砂土流失，应设周边堤和排水沟。这种堆存方式适于在较大面积的平地或丘陵地区。

高浓度式堆坝法在我国尚处于研究阶段。目前，应用这种方法的困难在于矿浆浓缩和高浓度浆体的输送，其在技术经济上尚需作进一步研究。

1.2.1.5 水库式尾矿坝

水库式堆坝法不用尾矿堆坝，而是用其他材料像修水库那样修建大坝。例如贵州汞矿修的一个 54 m 高的三心圆拱坝(库容 200 万 m^3，服务年限 10 年)即是一例。湖南锡矿山用南选厂废石场的手选废石也堆筑了一座这样的尾矿库(反滤层用河床砾石、废石、河砂、重介质选矿的尾砂铺成，坝高 68 m，坝体堆石 77.92 万 m^3，总容积 343 万 m^3，全尾砂经水力旋流器分级，粗颗粒尾砂作井下充填料，径粒小于 0.07 mm 的占 98%的细尾砂进入尾矿库)。安徽宣城铜铝矿修了一座 18 m 高的均质土坝作为尾矿库拦挡坝，用于储存井下充填的剩余细粒尾砂。这种尾矿库和一般蓄水的水库工作条件基本相同，但坝前水位升降变化幅度较小，尾矿堆积是逐步推进的。

水库式尾矿坝基建投资一般较高，多采用当地土石料或废石建坝。当尾矿粒度过细时，不宜用尾矿修坝。排放位置在坝前会造成不经济或困难大，必须在坝后放矿；矿浆水对环境危害很大，不容许泄漏。水库式尾矿坝也称为尾矿库挡水坝，设计时应按水工规范的要求进行。

1.2.2 尾矿坝的主要特点

尾矿坝的筑坝材料、修筑工艺、服务功能等与一般水工土石坝存在较大的差异，主要表现为[5-7]：

(1)修筑尾矿坝的目的是拦阻库内的尾矿及废水，而一般水坝只用于挡水。

(2)尾矿分布非常复杂，从坝坡往库内，粒径、固结程度、坡度等都与排放工艺相关。

(3)尾矿坝几乎是永久性建筑，设计时就必须考虑闭库问题，包括生态环境、静力动力稳定等内容。

(4)在尾矿库内，表面以下一定深度内的尾矿处于水土混合状态和欠固结状态，其抗剪强度为零或很低。尾矿坝主要是用来保护这部分尾矿堆积体的稳定性。这部分尾矿堆积体的深度随尾矿料排放速率的增大和其渗透系数的减小而增大。这个深度越大，尾矿坝的稳定性就越低。因此，某些尾矿坝由于排放速率过高而丧失其静力稳定性。

(5)尾矿坝作为一个结构体系，由坝基、初期坝、子坝及库内的尾矿堆积体组成。初期坝通常用碾压法修建，而子坝或是填筑或是冲填。通常子坝和尾矿堆积体处于较疏松的状态。处于较疏松状态的饱和尾矿料对地震作用非常敏感，有些尾矿坝在地震作用下由于尾矿的液化而丧失稳定性。

(6)尾矿坝是分阶段修筑的，尾矿库的服务期也就是尾矿筑坝期。这个筑坝施工和生产使用合一的漫长时期，少则5年、10年，多则十几年、几十年。这是不同于一般建设工程的最突出特点。多年来，尾矿筑坝都是由选矿厂的技术、生产部门负责组织实施与管理。他们熟悉采矿、选矿、机械等专业，但不熟悉和土石坝有关的土力学、水力学、水文学等学科知识，他们需要水利工程与土木工程等技术的支持和服务。

(7)与传统的土石坝相比，尾矿坝设计方法及建造工艺都相对落后，筑坝材料特性研究有待进一步加强。

1.2.3 尾矿坝的安全等别

尾矿坝是一种特殊的工业构筑物，它的失效不仅涉及矿山自身的生产安全，而且关系到周边及其下游居民生命财产的安危。由于尾矿坝的垮塌所造成的灾害事故，在我国过去时有发生，损失也非常惨重，教训亦非常深刻，因此，需根据尾矿库的库容和尾矿坝的高度及重要性，确定尾矿坝的等别，见表 1.2[8-9]。

表 1.2 尾矿库(坝)的(抗震)等别

等别	全库容 $V/(10000\ m^3)$	坝高 h/m
一	$V \geqslant 50000$	$h \geqslant 200$
二	$10000 \leqslant V < 50000$	$100 \leqslant h < 200$
三	$1000 \leqslant V < 10000$	$60 \leqslant h < 100$
四	$100 \leqslant V < 1000$	$30 \leqslant h < 60$
五	$V < 100$	$h < 30$

注：①V 为库容，为该使用期设计坝顶标高时尾矿库的全部库容；②h 为坝高，为该使用期设计坝顶标高与初期坝轴线处坝底标高之差；③坝高与全库容分级指标分属不同等级时，以其中高的等级为准，当级差大于一级时，按高者降低一级。

1.3 尾矿坝基本状况

我国黑色、有色、黄金、化工、核工业、建材等行业的矿山每年产出尾矿超十几亿吨，基本上堆存在尾矿库中，其中 80%属于黑色、有色冶金矿山。这些库中最大设计坝高 260 m，超过 100 m 的有 26 座，库容大于 $1\times10^8 m^3$ 的有 10 座。坝高小于 30 m 的小库占 80%左右。但是 20%的大、中型库的库容却占了总设计库容的 80%。国内各行业主要矿山企业的尾矿坝统计结果见表

1.3[6]。

在生产中有不少尾矿坝已进入中、晚服务期，不同程度地存在着一些不安全因素和隐患。有关统计资料显示，我国有色冶金矿山正常运行的尾矿坝为50%，带病运行的达33%，超期运行的占9%，处于危险状态的占6%[10]。上游式尾矿坝的安全隐患比重较大，详见表1.4[11]。

根据美国大坝委员会(USCOLD)在1989年进行的一次尾矿坝事故调查和联合国环境开发署(UNEP)后来补充的一份调查[12-16]，结果如图1.5、图1.6、图1.7所示。

表1.3　国内主要矿山类别尾矿坝数量统计

矿山类别	数量/座	坝高/m			病险坝/%
		>60	30~60	<30	
黑色冶金矿山	78	35	20	23	30
有色冶金矿山	193	46	59	88	39(9)
黄金矿山	100		12	88	26(18)
化工矿山	18	5	4	9	22(19)
核工业	15	4	9	2	
建材矿山	6			6	
合计	410	90	104	216	
比例		22%	25%	53%	

注：( )内为超服务期运行的尾矿坝。

表1.4　国内主要上游式尾矿坝运行情况统计

矿山类别	尾矿坝总数/座	正常运行坝数/座(%)	病险运行坝数/座(%)	超期运行坝数/座(%)
黑色冶金矿山	78	55(71)	16(20)	7(9)
有色冶金矿山	149	77(52)	59(40)	13(8)
化工矿山	18	11(61)	4(22)	3(17)
黄金矿山	368	206(56)	99(27)	63(17)

从图 1.5 可知，在 1965 年到 1995 年之间为受调查范围内尾矿坝事故多发阶段，虽然我国还没有类似调查，但随着国内尾矿坝数量的增多，可见我国也会经历这样一个尾矿坝事故的高峰期，所以尾矿坝的安全问题应该得到社会的重视。图 1.6 给出了不同类型尾矿坝事故的统计结果，也反映了上游式尾矿坝事故最多。Finn 等[17, 18]也认为上游式尾矿坝具有潜在的不稳定性，而我国大多数尾矿坝为上游式尾矿坝，因此，本书研究分析对象均为上游式尾矿坝。图 1.7 给出尾矿坝事故与坝高的比较，可知近 90%事故坝高小于 60 m。当然这些统计数据只近似反映受调查区的情况，但对我国尾矿坝状况分析也有一定的参考价值。

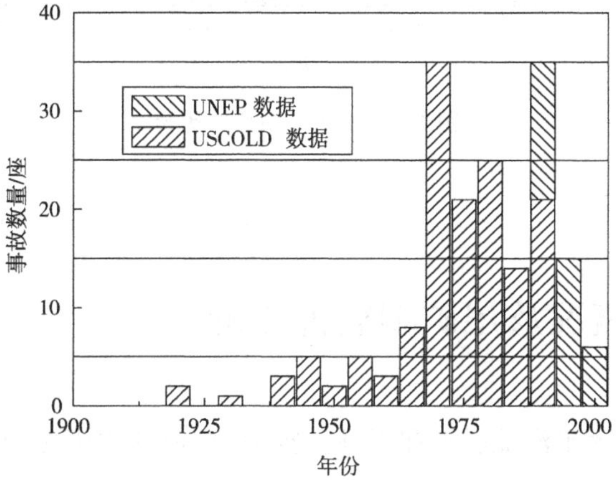

图 1.5　尾矿坝事故历史总结

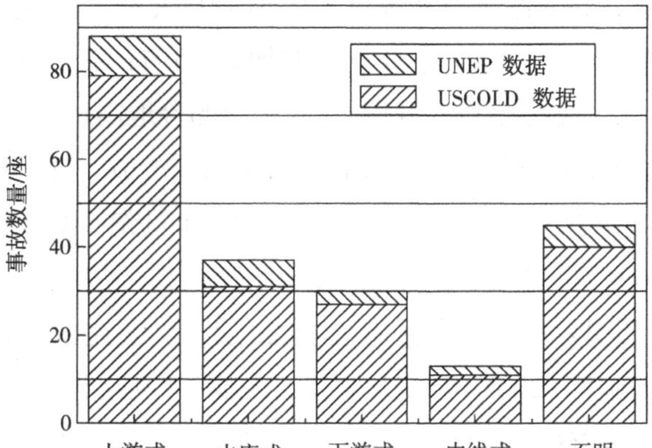

图 1.6　事故与坝体类型的比较

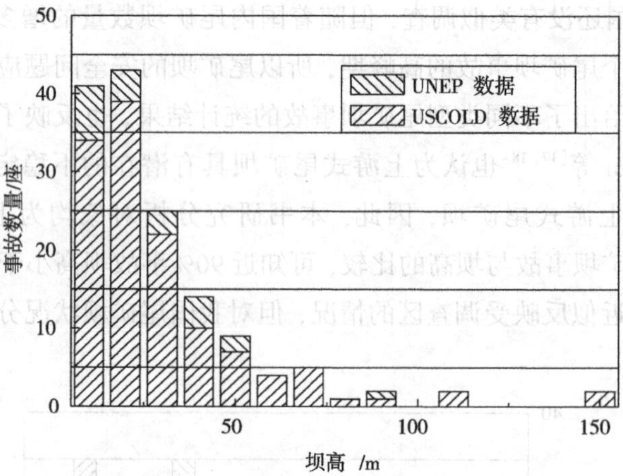

图 1.7　事故与坝高的比较

1.4　地震概况及尾矿坝震害分析

我国地处环太平洋地震带和喜马拉雅-地中海地震带之间，是一个地震活动频度高、强度大、震源浅、分布广的国家。据史料记载，全世界里氏 8 级以上的强震达 19 次之多，给人类造成巨大的损失和灾难。例如：1959 年墨西哥地震、1960 年智利地震、1964 年日本新潟地震、1971 年美国 San Fernando 地震、1995 年日本阪神地震，以及我国 1966 年的邢台地震、1976 年的唐山地震，所引起的不同程度的喷砂冒水、地面下沉和大规模滑坡，使得对土的液化和边坡稳定性的深入研究更加必要和迫切[19]。进入 21 世纪，世界各地的地震依然异常活跃，如 2004 年 12 月 26 日上午，印尼苏门答腊岛附近海域发生里氏 7.9 级强烈地震并引发海啸。2005 年 2 月 22 日，伊朗克尔曼省扎兰德市郊区发生里氏 6.4 级地震。2005 年 10 月 8 日，巴基斯坦控制的克什米尔地区发生里氏 7.6 级强震。2005 年 11 月 26 日，江西九江发生里氏 5.7 级地震[20]。2006 年 3 月 30 日和 31 日，伊朗西部洛雷斯坦省两座城市博鲁杰尔德和多鲁德附近地区发生数次里氏 5 级至 6 级地震。2008 年 5 月 12 日四川汶川发生里氏

8.0 级地震[21]。2010 年 4 月 14 日，青海玉树发生里氏 7.1 级地震。2023 年 12 月 18 日，甘肃积石山发生里氏 6.2 级地震[22]。种种迹象表明当今世界的地震活动是非常频繁的，所以要对地震引起的灾害有充分的认识及防范意识。

国外一些尾矿坝遭遇地震时所产生的震害是令人震惊的，国内一些遭遇地震的尾矿坝，虽然没有形成溃坝的恶果，但也发生了一些明显的震害。据文献记载[23]，早在 1928 年 10 月 1 日智利经历一次大地震之后，几分钟内，智利 Barahon 尾矿坝就破坏了。该坝高 63 m，坝的内坡为 40°~45°。这次破坏主要从坝内液化开始，随后造成坝内侧滑动，400 万吨尾矿泻入山谷，导致 45 人死亡。1965 年 3 月 28 日，智利中部发生了具有破坏力的地震。震级为里氏 7 级至里氏 7.25 级，在距离震中 100 km 范围内的埃尔科布雷、耶罗别霍、洛斯马基斯、拉巴塔瓜、拉迈纳、塞罗内格罗、埃尔塞拉多、贝拉维斯塔、埃尔维塞和塞罗布兰科等许多矿山尾矿坝均遭受破坏。其中埃尔科布雷新旧两座尾矿坝距震中 40 km，该处地震烈度为 8~9 度，尾矿坝几乎全部被毁，见图 1.8。200 万吨尾矿泻入山谷，几分钟之内下泄尾砂滑移 12 km，导致 200 多人死亡。

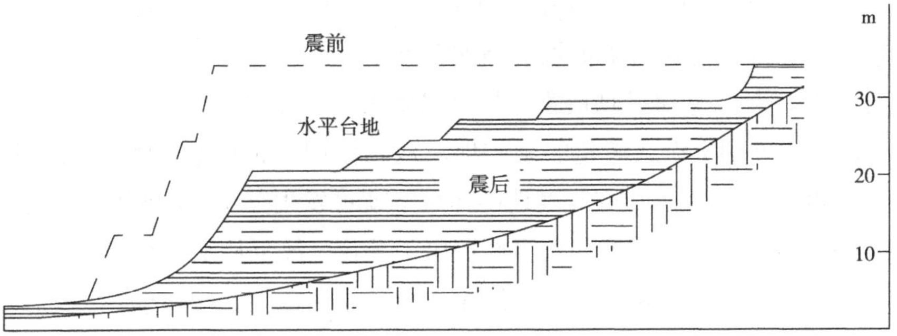

图 1.8　埃尔科布雷尾矿坝剖面

1978 年 1 月 14 日，在日本 Izu Peninsula 海东南部发生里氏 7 级地震，导致 Mochikoshi 金矿两座尾矿坝破坏[24]。其中 1#尾矿坝在主震后 10 s 破坏，2#尾矿坝在主震后约 24 h 破坏。1#尾矿坝破坏导致近 8 万 m^3 尾矿及火山灰从库内往下游滑移，对当地的生态环境和人民的生命财产造成很大的损失，1#尾矿坝坝体破坏前后的剖面如图 1.9 所示。

2011 年 3 月 11 日，在里氏 9 级强震作用下，日本 Kayakari 尾矿坝破坏并向下游释放 4.1 万 m^3 尾砂，沿沟谷流滑近 2 km，到达 Akaushi 河，沿途部分建筑物受到冲击，所幸没有造成人员伤亡[25]。

2019 年巴西的 Brumadinho 尾矿库溃坝，约造成 270 人死亡，并对当地生态环境带来灾难性影响[26]。

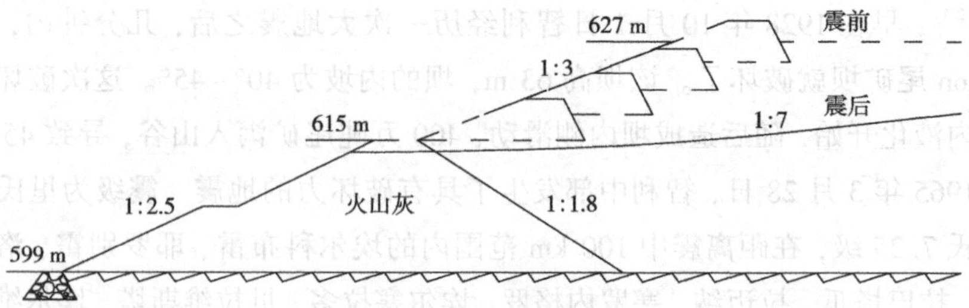

图 1.9　1# Mochikoshi 尾矿坝剖面

1976 年 7 月 28 日，唐山丰南地区发生里氏 7.8 级强烈地震，首钢大石河尾矿坝与新村尾矿坝经历了强烈地震，震后经调查，尾矿坝和初期坝并没有发生大的坍塌破坏事故，只是在尾矿坝的局部外坡和上游尾矿沉积滩上产生裂缝、喷砂冒水即向尾矿澄清池塌滑等灾害[23, 27]。

根据国内外一些尾矿坝震害分析可以得出一些经验[5, 23]：

(1) 国内外用上游式修建的尾矿坝对地震作用非常敏感，例如，智利滩长只有 30~40 m 的尾矿坝，在 6 度地震作用下就可发生灾难性的破坏。基于这一事实，国外对上游式筑坝法的正当性提出了异议，甚至从地震稳定性考虑主张放弃上游式筑坝，而采用其他方法修建。

(2) 在 6 度及以上强度的地震作用下，库内饱和尾矿堆积体就可能发生液化。智利的一些目击者称，在地震时库内尾矿堆积体的表层部分变成了悬浮液并被激起波浪。液化尾矿堆积体的抗剪强度的降低加大了它对非液化部分的侧向推力，从而使尾矿坝的稳定性降低，甚至发生破坏。在这种机制下，地震对尾矿坝稳定性的影响主要表现在使尾矿液化上，即使其物理力学状态发生变化；相对而言，惯性力使滑动力矩增加的影响则是次要的。因此，直接采用拟静力法分析尾矿坝地震稳定性是值得商榷的。

(3) 尾矿坝在地震时丧失稳定性的一般形式是流滑。流滑有时会引发严重的次生灾害，如淹没城镇、土地，堵塞河道以及化学污染等。对于其下游地区人口稠密或有重大设施的尾矿坝的地震稳定性应给予特殊关注。

(4)根据国外尾矿坝震害经验，处于排放期的尾矿坝比废止的尾矿坝更易发生溃坝流滑，如图 1.10 所示。处于排放期的尾矿坝，在库内尾矿料堆积体表层之下一定深度内处于次固结状态，自重产生的正应力还没有完全转变成有效正应力，其抗液化能力较低，对地震作用更为敏感。表层以下处于次固结状态部分的发展深度和其欠固结程度与排水途径的长短、尾矿料渗透系数的大小有关。当研究处于排放期的尾矿坝的地震稳定性时，表层尾矿堆积体欠固结的影响应予以考虑。

(5)在库内尾矿堆积体的表面坡度十分平缓，因此，库内尾矿堆积体中土单元的受力状态与水平地面下土单元的很相近。这一特点为用一维简化法计算尾矿坝堆积体中土单元所受的静、动应力提供了可能。

文献[12-16]给出了部分尾矿坝事故原因的总结，如图 1.10 所示。地震是导致尾矿坝事故的第二大原因，国内外震害经验也表明，地震时尾矿坝容易产生液化，使尾矿坝丧失稳定性，给下游区域生态环境、人民的生命财产、矿主利益等带来巨大危害，而国内大多数尾矿坝为上游式筑坝并建在地震区，所以研究地震条件下尾矿坝的液化、变形、稳定评估方法及抗震对策是非常有意义的工作。

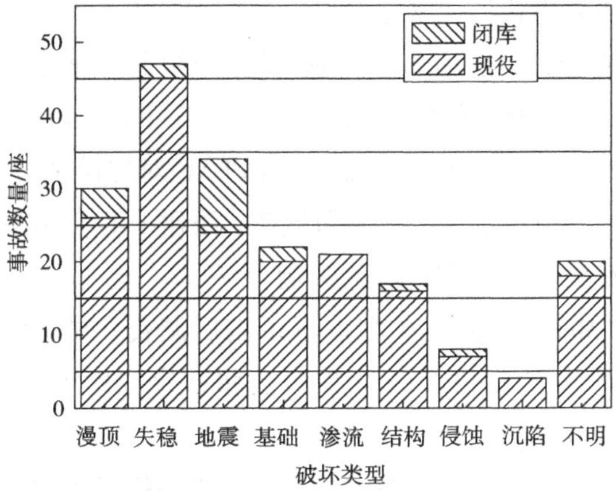

图 1.10 尾矿坝事故原因分析

1.5 国内外研究现状

地震导致建筑物地基或土工构筑物中饱和土体的液化可能使建筑物或土工构筑物产生严重破坏。1966 年河北邢台地区发生里氏 6.8 级和 7.2 级强烈地震，这两次地震，沿滏阳河及其支流两岸广大地区，引起了大量的喷水冒砂、地裂缝，造成堤防、岸坡大规模滑塌和河道建筑物严重受损；1975 年辽宁海城发生里氏 7.3 级地震，在震区西部发生大规模的喷水冒砂现象，给公路、桥梁、堤防、河岸、渠道、农田、水利设施、工业民用设施等造成了严重的损害；1976 年河北唐山发生了两次强烈地震，震区出现大面积场地液化，造成了密云水库等多处堤坝表面保护层流滑[28]；1999 年在台湾花莲西南发生 7.6 级地震，包括台北市等岛上几个大城市均有楼房和建筑物被破坏，有上百座房屋建筑倒塌或严重破坏[29]。这些震害的发生，促使人们对土体液化机理、液化评价、液化流滑、抗震对策等内容进行了大量的研究[30-46]。尾矿坝的筑坝材料就是一种典型的无黏性或少黏性土，是一种很容易产生地震液化的材料。国内进行有关尾矿坝抗震内容的研究基本上是始于 20 世纪 80 年代，而国外研究相对较早些。这里就尾矿坝地震反应、变形、液化、稳定、液化后流动变形及抗震设计等方面的国内外研究现状做一简单介绍。

Harper 等[47]在分析尾矿坝震害的基础上，介绍了一种尾矿坝地震评价方法。

Seid 和 Byrne[48]用商用软件 FLAC 分析了 Mochikoshi 尾矿坝，并对抗震措施进行了简单讨论；张超[49]和刘莞茹[50]用 FLAC 对尾矿坝进行动力响应分析，获知了算例坝体一些位移、孔压的分布规律；潘建平等[51]用 FLAC 分析了坝基上覆土层的存在对尾矿坝地震反应的影响。

Ishihara[24]对 Mochikoshi 尾矿坝进行了震后调查，并建议了一种研究尾矿坝体水位变化的简化方法；Ishihara 等[52]也将残余强度理论用到了 Mochikoshi 尾矿坝地震稳定分析中。

Zeng 等[53]用粉煤灰修筑尾矿坝做了 3 个离心机模型试验，结果证实上游式尾矿坝比下游式尾矿坝更易变形破坏。

徐志英和沈珠江[54]用有限元法分析了德兴铜矿 4#尾矿坝在 8 度、9 度地震时的液化情况和地震稳定性，并推断了 7 度地震时可能发生的情况。

王武林等[55]在揭示了某尾矿坝体材料空间分布状态及其力学特性的基础上，利用自动搜索的电算程序，计算分析了坝体的整体与局部稳定性。

周健[56]以南芬尾矿坝为例，采用三维两相有效应力分析法，研究了尾矿坝在地震荷载作用下的动力反应问题，研究中考虑了水土动力耦合作用和土体的非线性性质，同时将地震孔隙水压力引入 Biot 波动方程，用三维等参有限元法和波前法求解变形和残余孔隙水压力。

张克绪[5, 57]根据以往试验数据提出了尾矿料抗液化应力比的计算式，并按振型组合法计算地震作用应力，进而进行液化评价，还给出了稳定分析方法。

滕志国[58, 59]用有限元法对唐钢庙沟铁矿尾矿坝进行地震稳定分析，指出地震时尾矿坝的失稳机制和形式与静力法的前提不符，只用传统拟静力法分析尾矿坝的地震稳定性是不够的，还有必要进行坝体的动力分析。

柳厚祥和裘家葵[60]研究了变分法在尾矿坝稳定分析中的应用，利用研究开发的二维变分分析程序对不同工况的尾矿坝进行了稳定分析，并与极限平衡分析法进行对比，结果表明：两种方法的结果比较接近，采用对数螺旋滑动面进行变分分析更合乎实际。

李新星[61]利用 Marc 软件，输入正弦波，对栗西沟尾矿坝进行动力分析，得到了坝体地震稳定性、加速度和位移随着地震波频率、作用时间等的变化规律，并用颗粒曲线、标准贯入试验、相对密度等方法进行了液化判别。

王凤江[62]在搜集分析国内外上游式尾矿坝的地震灾害实例基础上，对上游式高尾矿坝的抗震研究现状及存在的问题进行了探讨。

李再光和罗晓辉[63]根据渗流场的分析结果得到坝体静态孔隙水压力分布，依据动力液化分析确定动态孔隙水压力增量，提出了改进的拟静力分析法，并应用于某尾矿坝动力稳定分析中。

魏作安和万玲[64]以龙都尾矿坝为例，分析了细粒尾矿坝在 7 级地震时的稳定性。

姜涛和王世希[65]根据几座尾矿堆积坝的有限元动力计算结果分析，引入了距离折减系数 r_s，并给出参考值。建议当地震烈度为 7~8 度时，坝顶地面加速度放大系数取值 1.5~1.7 较合适。

辛鸿博、王余庆、高艳平、李万升、高建生、王治平等[27, 66-78]对首钢大石河尾矿坝进行过较为系统的研究。这些研究主要集中在尾矿坝输入地震动的确定，用标准贯入试验评价尾矿坝的沉积特征，尾矿坝的原位密度测试方法，尾矿砂的力学特性、动力变形特性和强度特征，尾矿坝的液化判别，静动力有限元分析等方面，应该来说到目前为止，这些学者在尾矿坝的动力特性和分析方面的研究工作在国内算是较为全面的。如辛鸿博等[73,75]分别用SHAKE和QUAD-4程序对遭受唐山地震的大石河尾矿坝进行了一、二维分析，并将结果与震害及Seed简化法分析结果进行了对比研究，说明一维、二维动力反应分析定性上能较为合理地给出坝体地震反应情况，而将Seed简化法直接用于尾矿坝液化分析需要改进。高艳平等[78]提出了尾矿坝地震液化的简化判别法，该方法是在其他学者研究基础之上考虑了坝体的刚度和距离折减因素，但在尾矿料的抗液化强度评价方面基本上是沿用了判定标准砂的一些公式。辛鸿博和Finn[79]还用二维程序TARA-3演算了大石河尾矿坝的地震反应，并与震后宏观调查结果进行了比较，指出孔隙水压力的产生与发展对坝体的地震反应有很大的影响。

张超[49]以一种尾矿料试验结果为依据，指出细粒含量在35%时抗液化能力最强，并将高艳平等提出的地震反应分析方法与现场SPT测试结果结合，进行尾矿坝液化判别。

曹冠森[80]采用GDS动三轴，针对尾粉砂和尾粉土在饱和与非饱和状态下的动力特性开展研究，并将室内测试结果与现场标准贯入试验液化判别结果进行对比分析。

Wang等[81]对西南某铜矿两种尾矿进行了动三轴试验和弯曲元件试验研究。在试验期间，尾矿样品将经历两个固结过程和随后的循环载荷。测定了再固结度、限制压力和粒径对循环加载条件下液化后尾矿动态特性和波速的影响。

Jin等[82]在自行设计的刚体模型箱埋入加速度、孔隙压力和土压力传感器，然后输入不同振幅(PGA)、不同类型的地震波进行振动台试验。通过动剪应力比、峰值加速度、孔隙压力和上覆有效压力表征尾矿坝动力特性。

Sanjay Nimbalkar等[83]提出一种计算尾矿坝地震安全系数的简化方法，采用该方法研究了地基土性质对尾矿坝地震稳定性的影响，对于给定的输入参数，低频输入运动的安全系数比高频输入的低近26%，阻尼比和基础深度对尾矿坝的地震安全系数有显著影响。

Aswathi等[84]采用有限元法(FEM)，严格评估混合坝型尾矿坝的稳定性和响应特性，采用等效线性方法对6个不同混合坝型尾矿坝的地震响应进行了详细分析。

尾矿坝抗震设计时，国内外一些可以参考的规范或设计标准有：《尾矿设施设计规范》(GB 50863—2013)[8]、《构筑物抗震设计规范》(GB 50191—2012)[9]、《水工建筑物抗震设计规范》(SL 203—97)[85]、日本《弃石、矿渣堆积场设计标准及说明》[86]、澳大利亚 *Guidelines on Dam Safety Management*[87]、美国 *Guidelines on Design Features of Dams to Effectively Resist Seismic Ground Motion*[88]、智利 *Regulation on the Construction and Operation of Tailings Dams*[89]等。

综上所述，国内外对尾矿坝的地震安全评估方法与抗震对策进行了一些研究，取得了一些研究成果，主要集中在尾矿坝地震反应和稳定分析方面，但也存在如下一些不足：①实际上大多数尾矿坝属中小类型，一般性的抗震设计完全可以考虑用简化法进行。在实际尾矿坝工程设计时，很多参考《水工建筑物抗震设计规范》，而水工土石坝与尾矿坝差异较大，因此，参考水工规范设计尾矿坝时存在很多隐患，如尾矿坝易液化破坏特性等未被考虑，建立一种实用的尾矿坝简化抗震设计方法非常必要。②饱和松散尾矿堆积体在地震荷载作用下易发生液化流动变形，导致坝体破坏，对下游生态环境、人民生命财产及矿主利益造成巨大危害和损失，而已有文献很少对尾矿坝液化流动变形特征进行深入分析、探讨。③尾矿坝抗震能力可以通过增设抗震措施来提高，对尾矿坝抗震设施的研究需要进一步深入，尤其是对抗震措施的作用效果分析。④在静、动力特性方面，尾矿料和一般砂土都有较大的不同，而现有尾矿试验研究远远落后一般砂土试验研究，需要加大对尾矿的力学性能研究。模型试验是研究土工结构物地震反应规律的有效手段之一，对抗震设计也具有一定的指导意义。国内外较少见到对尾矿坝进行抗震模型试验的研究。

尾矿坝(库)是选矿厂生产设施的重要组成部分，尾矿坝能否安全稳定的运行，对选矿厂生产起着至关重要的作用，同时它又是一个重大的危险源。一个用尾矿筑成的坝，其内堆存着大量的尾矿和水，形成了一个人工“尾矿湖”，它时刻都处于一定危险状态中，此湖的容量随着尾矿坝体不断的增高而逐渐增大，坝体一旦溃决，库内的尾矿砂、泥浆和废水就会以泥石流的形式涌出，对下游居民的生命财产造成严重威胁，也将给企业带来不可估量的损失。

尾矿坝在其运营期坝体断面一直在变化，坝的体积比同样坝高下的土坝大得多，自震周期相当长，一般在 2 s 以上[49]；由于上游式尾矿坝浸润线较高，堆积坝体较松散，呈欠固结状态，且大部分坝体饱和，地震时易发生液化变形而破坏。尽管国内没有尾矿坝发生大震害的报道，但在唐山等地震中尾矿坝出现了喷水冒砂、裂缝等现象，已经引起了人们的注意。

不仅是设计和建造工艺使得当前我国已建的尾矿坝有不少具有潜在的震害，而且，为了节省占地费和居民的动迁费，减少环境污染，有的矿山工业还在废弃的尾矿库上建起了高达百米左右的排土场，排土场的大部分地基是位于水下的尾矿，这些饱和的尾矿在地震情况下是否保持稳定需要研究。我国多数尾矿库的地理位置也十分重要，选址时很难避开生态敏感区或人口密集区，加上以前人们的环境保护及安全意识不够，工程设计者也没能考虑到次生灾害的影响。有的位于大江、大湖、重要水源地上游，有的位于重要公交设施上游，有的在密集居民区上游。如马家田尾矿库，设计库容 $1.86\times10^{8}\ m^{3}$，位于金沙江畔；包钢尾矿库，设计库容 $6.9\times10^{7}\ m^{3}$，面临黄河、包兰铁路；广东大顶铁矿尾矿库，设计库容 $5.5\times10^{6}\ m^{3}$，位于著名的新丰江水库上游；云锡牛坝荒尾矿库，库容 $3\times10^{7}\ m^{3}$，位于个旧市上游，高出个旧湖 250 m；本钢的小庙儿沟尾矿库，设计库容 $1.05\times10^{8}\ m^{3}$，大坝下游工业与民用建筑密集；承德双塔山尾矿库，设计库容 $7.25\times10^{6}\ m^{3}$，下游南侧为白庙村，居民1300 余人，西侧是两个工厂的车间和住宅，北侧是中小学、工厂、居民点[6]。这些尾矿坝一旦发生地震破坏，将造成巨大的次生灾害，对当地人民的生命财产带来严重的损失。

此外还存在着人为的社会因素，由于对尾矿物理力学特性和尾矿坝建造工艺的研究，需要投入大量的经费，这种投资要加到矿业成本上，从某些方面看又无法收回，在我国整个矿业不景气的环境下，使得不少矿业部门及矿山企业对于这方面的研究主动性不够。

进入 20 世纪 70 年代以后，世界范围内地震活动异常，我国、日本及美国等地区相继发生了强烈地震，灾害损失严重。因此，按照“安全第一，预防为主”的方针，做好尾矿坝的安全管理工作，提高坝体稳定性，确保尾矿坝地震安全万无一失，对企业本身、社会、国家都有非常重要的意义。国内外对于尾矿坝的抗震研究工作一直不多，特别是对于尾矿坝地震安全评估方法、抗震对策以及液化变形等方面的研究可以参考的资料较少。尾矿坝能否安全运行对于企业的安全生产和人民的生命财产安全以及社会的环境保护都有着积极而深远的影响。因此，加强对尾矿坝地震液化、变形、稳定的评估方法及抗震措施的研究，开展对尾矿坝和废弃尾矿库的利用工作，对于节约资源、减少环境污染，保障工程安全，具有重要的社会意义和现实意义。

参考文献

[1] 魏作安. 细粒尾矿及其堆坝稳定性研究[D]. 重庆：重庆大学，2004.

[2] 陈生水. 尾矿库安全评价存在的问题与对策[J]. 岩土工程学报，2016，38(10)：1869-1873.

[3] 施灿海，刘明生，程立家，等. 尾矿综合利用研究进展及工程实践[J]. 中国矿业，2024，33(02)：107-114.

[4] 刘玉强，郭敏. 我国矿山尾矿固体废料及地质环境现状分析[J]. 中国矿业，2004，13(3)：1-5.

[5] 张克绪. 尾矿坝的抗震设计和研究(上)[J]. 世界地震工程，1988(1)：13-18.

[6] 徐宏达. 我国尾矿库病害事故统计分析[J]. 工业建筑，2001(1)：69-71.

[7] Swedish Mining Association. Seminar on safe tailings dam constructions[R]. Gallivare, 2001.

[8] 中国有色金属工业协会. 尾矿设施设计规范(GB 50863—2013) [S]. 北京：中国计划出版社，2013.

[9] 中华人民共和国住房和城乡建设部. 构筑物抗震设计规范(GB 50191—2012)[S]. 北京：中国计划出版社，2012.

[10] 彭承英. 尾矿库事故及预防措施[J]. 有色矿山，1996(5)：38-40.

[11] 卜训政. 上游式尾矿坝安全隐患分析[J]. 化工矿物与加工，2001(6)：22-24.

[12] USCOLD. Committee on Dam Safety, Lessons from dam incidents[R]. 1988.

[13] USCOLD. Committee on Failures and Accidents to Large Dams, Lessons from dam incidents USA[R]. 1976.

[14] USCOLD. Committee on Tailings Dams, Tailings dam incidents[R]. 1994.

[15] UNEP. Environmental and safety incidents concerning tailings dams at mines, based on survey conducted by Mining Journal Research Services for UNEP[R]. 1996.

[16] Bruce I G, Logue C, Wilchek L A. Trends in tailing dam safety[C]. 1997.

[17] Finn W D L, Byrne, P M. Liquefaction potential of mine tailing dams [C]. 12th ICOLD, 1976.

[18] Finn W D L. Seismic stability of tailings dams[R]. Sydney, Australia, 1990.

[19] 汪闻韶. 土的动力强度和液化特性[M]. 北京：中国电力出版社，1997.

[20] 吴阳. 我国地震人员死亡评估经验概率模型研究[D]. 哈尔滨：中国地震局工程力学研究所，2022.

[21] 印万忠，李丽匣. 尾矿的综合利用与尾矿库的管理[M]. 北京：冶金工业出版社，2009.

[22] 蒋伟，王永志，袁晓铭，等. 2023 年甘肃积石山 M_s6.2 地震宏观灾害特征与若干思考[J]. 防灾减灾工程学报，2024，44(01)：1-11.

[23]《中国有色金属尾矿库概论》编辑委员会. 中国有色金属尾矿库概论[R]. 北京：中国有色金属工业总公司，1992.

[24] Ishihara K. Post-earthquake failure of a tailings dam due to liquefaction of the pond deposit [C]. International Conference on Case Histories in Geotechnical Engineering, Stolouis, Geotechnical Engineering, 1984(3)：1129-1143.

[25] Kenji Ishihara, Kennosuke Ueno, Seishi Yamada, et al. Breach of a tailings dam in the 2011 earthquake in Japan [J]. Soil Dynamics and Earthquake Engineering, 2015, 68: 3-22.

[26] Luiz Henrique Silva Rotta, Enner Alcantara, Edward Park, et al. The 2019 Brumadinho tailings dam collapse: Possible cause and impacts of the worst human and environmental disaster in Brazil[J]. Int J Appl Earth Obs Geoinformation, 2020, 90: 1-12.

[27] 王余庆，王治平，辛鸿博，等. 中国尾矿坝地震安全度(1)——大石河尾矿坝 1976 年唐山大地震震害及有关强震观测记录[J]. 工业建筑，1994(7)：38-42.

[28] 刘颖，谢君斐. 砂土震动液化[M]. 北京：地震出版社，1984.

[29] Hwang J H, Yang C W. Verification of critical cyclicstrength curve by Taiwan Chi-Chi earthquake data[J]. Soil Dynamics and Earthquake Engineering, 2001, 21(3): 237-257.

[30] 黄文熙. 水工建设中的结构力学与岩土力学问题[M]. 北京：水利电力出版社，1984，252-256.

[31] 谢定义，巫志辉. 不规则动荷脉冲波对砂土液化特性的影响[J]. 岩土工程学报，1987，9(4)：1-12.

[32] 王锺琦. 地震液化的宏观研究[J]. 岩土工程学报，1995，4(3)：1-10.

[33] 张克绪，谢君裴. 土动力学[M]. 北京：地震出版社，1989.

[34] 徐志英，沈珠江. 土坝地震孔隙水压力产生、扩散和消散的有限单元法动力分析[J]. 华东水利学院学报，1981，9(4)：1-16.

[35] 栾茂田，邵宇，林皋. 土体地震反应非线性分析方法比较研究[C]//栾茂田. 第五届全国土动力学学术会议文集. 大连：大连理工大学出版社，1998：203-208.

[36] 吴世明，徐枚在. 土动力学现状与发展[J]. 岩土工程学报，1998，20(3)：125-131.

[37] 沈珠江. 理论土力学[M]. 北京：中国水利电力出版社，1999：9-80.

[38] Finn W D L, Lee K W, Martin G R. An effective stress model for liquefaction[J]. Journal of the Geotechnical Engineering Division, ASCE, 1977, 103(6): 517-533.

[39] Ishihara K, Yoshimine M. Evaluation of settlements in sand deposits following liquefaction during earthquakes[J]. Soils and Foundations, 1992, 32(1): 173-188.

[40] 刘华北, 宋二祥. 埋深对地下结构地震液化响应的影响[J]. 清华大学学报, 2005, 45(3): 301-305.

[41] 鲁晓兵. 垂向荷载作用下饱和砂土的液化分析[D]. 北京: 中国科学院力学研究所, 1999.

[42] 刘汉龙, 周云东, 高玉峰. 砂土地震液化后大变形特性试验研究[J]. 岩土工程学报, 2002, 24(2): 142-146.

[43] 张建民, 王刚. 砂土液化后大变形的机理[J]. 岩土工程学报, 2006, 28(7): 835-840.

[44] 周燕国, 陈云敏, 柯瀚. 砂土液化势剪切波速简化判别法的改进[J]. 岩石力学与工程学报, 2005, 24(13): 2370-2375.

[45] 徐斌, 孔宪京, 邹德高, 等. 饱和砂粒料液化后应力与应变特性试验研究[J]. 岩土工程学报, 2007, 29(1): 103-106.

[46] 王刚, 张建民. 砂土液化大变形的弹塑性循环本构模型[J]. 岩土工程学报, 2007, 29(1): 51-59.

[47] Harper T G, Mcleod H N, Davies M P. Seismic assessment of tailings dams[J]. Civil Engineering, 1992, 62(12): 64-66.

[48] Seid K M, Byrne P M. Embankment dams and earthquakes[J]. Hydropower & Dams, 2004, 2: 96-102.

[49] 张超. 尾矿动力特性及坝体稳定性分析[D]. 武汉: 中国科学院武汉岩土力学研究所, 2005.

[50] 刘菀茹. 尾矿坝动力特性及其堆坝稳定性分析[D]. 成都: 四川大学, 2006.

[51] 潘建平, 孔宪京, 邹德高. 尾矿坝地震液化分析[J]. 河海大学学报, 2007, 35(z1): 49-52.

[52] Ishihara K, Yasuda S, Yoshida Y. Liquefaction-induced flow failure of embankments and residual strength of silty sands[J]. Soils and Foundations, 1990, 30(3): 69-80.

[53] Zeng X W, Wu J, Rohlf R. Modeling the seismic response of coal-waste tailings dams[J]. Geotechnical News, 1998(6): 29-32.

[54] 徐志英, 沈珠江. 高尾矿坝的地震液化和稳定分析[J]. 岩土工程学报, 1981, 3(4): 22-32.

[55] 王武林, 杨春和, 阎金安. 某铅锌矿尾矿坝工程勘察与稳定性分析[J]. 岩石力学与工程学报, 1992, 11(4): 332-344.

[56] 周健. 尾矿坝在地震作用下的三维两相有效应力动力分析[J]. 工程抗震, 1995(3):

39-43.
[57] 张克绪. 尾矿坝的抗震设计和研究(下)[J]. 世界地震工程, 1988(2): 15-18.
[58] 腾志国. 关于尾矿坝地震稳定性的分析及评价[J]. 河北冶金, 2003, 133(1): 16-17.
[59] 腾志国. 关于尾矿坝地震稳定性的分析及评价(续)[J]. 河北冶金, 2003, 133(2): 8-12.
[60] 柳厚祥, 裘家葵. 变分法在尾矿坝稳定性分析中的应用研究[J]. 工程设计与建设, 2003, 35(1): 19-23.
[61] 李新星. 栗西沟尾矿坝地震动力反应及液化评价研究[D]. 西安: 长安大学, 2004.
[62] 王凤江. 上游法高尾矿坝的抗震问题[J]. 冶金矿山设计与建设, 2001, 33(5): 10-13.
[63] 李再光, 罗晓辉. 尾矿坝地震反应的拟静力稳定分析[J]. 岩土力学, 2006, 27(7): 1138-1142.
[64] 魏作安, 万玲. 细粒尾矿堆积坝的地震稳定性分析[J]. 有色金属, 2006, 58(1): 79-81.
[65] 姜涛, 王世希. 尾矿坝砂土液化的简化判别法[C]//姚伯英, 侯忠良. 构筑物抗震. 北京: 测绘出版社, 1990: 52-57.
[66] 王余庆, 高艳平, 辛鸿博. 中国尾矿坝地震安全度(2)——大石河尾矿坝基岩输入地震动的确定[J]. 工业建筑, 1994(8): 41-47.
[67] 王治平, 李志林. 中国尾矿坝地震安全度(3)——经受唐山大地震的大石河尾矿坝历史和现状剖析[J]. 工业建筑, 1994(9): 47-50.
[68] 辛鸿博, 王余庆. 中国尾矿坝地震安全度(6)——用SPT评价大石河尾矿坝的沉积特征[J]. 工业建筑, 1994(11): 50-53.
[69] 李万升, 刘静平, 王治平. 中国尾矿坝地震安全度(7)——大石河尾矿坝原位密度的同位素测试方法[J]. 工业建筑, 1994(12): 36-41.
[70] 李万升, 高建生, 王治平. 中国尾矿坝地震安全度(8)——大石河尾矿砂的力学特性试验研究[J]. 工业建筑, 1995(1): 43-48.
[71] 辛鸿博, 王余庆. 中国尾矿坝地震安全度(9)——大石河尾矿粘性土的动力变形特性和强度特征[J]. 工业建筑, 1995(2): 38-42.
[72] 王余庆, 辛鸿博. 中国尾矿坝地震安全度(10)——用单剪仪研究大石河尾矿砂的动特性[J]. 工业建筑, 1995(3): 37-40.
[73] 王余庆, 辛鸿博, 李志林. 中国尾矿坝地震安全度(11)——大石河尾矿砂稳态变形特性[J]. 工业建筑, 1995(4): 35-40.
[74] 王余庆, 辛鸿博. 中国尾矿坝地震安全度(12)——用稳态理论评价大石河尾矿坝的液化与稳定[J]. 工业建筑, 1995(5): 49-52.

[75] 辛鸿博，王余庆，高艳平. 中国尾矿坝地震安全度(13)——1976 年大石河尾矿坝一维地震反应分析[J]. 工业建筑，1995(6)：49-52.

[76] 高建生，李万升，王治平. 中国尾矿坝地震安全度(14)——利用共振柱对尾矿砂的测试及分析[J]. 工业建筑，1995(7)：48-50.

[77] 辛鸿博，王余庆，高艳平. 中国尾矿坝地震安全度(15)——1976 年大石河尾矿坝二维地震反应分析[J]. 工业建筑，1995(8)：43-46.

[78] 高艳平，王余庆，辛鸿博. 中国尾矿坝地震安全度(16)——大石河尾矿坝地震液化的二维简化判别[J]. 工业建筑，1995(10)：43-46.

[79] 辛鸿博，Finn W D L. 1976 年大石河尾矿坝地震反应分析[J]. 岩土工程学报，1996，18(4)：48-56.

[80] 曹冠森. 尾矿动力特性试验研究与尾矿坝动力抗震分析[D]. 重庆：重庆大学，2020.

[81] Wang Wensong, Cao Guansen, Li Ye, et al. Experimental Study of Dynamic Characteristics of Tailings With Different Reconsolidation Degrees After Liquefaction[J]. Frontiers in Earth Science, 2022, 10: 1-11.

[82] Jin J, Yuan S, Cui H, et al. A Threshold Model of Tailings Sand Liquefaction Based on PSO-SVM[J]. Sustainability, 2022, 14, 2720.

[83] Sanjay Nimbalkar V S. Ramakrishna Annapareddy, Anindya Pain. A simplified approach to assess seismic stability of tailings dams[J]. Journal of Rock Mechanics and Geotechnical Engineering, 2018, 10: 1082-1090.

[84] Aswathi T S, Jakka S Ravi. Seismic analysis of hybrid tailings dams: Insights into stability and responses[J]. Bulletin of Engineering Geology and the Environment, 2024, 83: 56-78.

[85] 中国水利水电科学研究院. 中华人民共和国行业标准：水工建筑物抗震设计规范(SL 203—97)[S]. 北京：中国水利水电出版社，1997.

[86] Ministry of International Trade and Industry(Bureau of Land and Pollution). Specifications of Construction of Tailings and Commentary[S]. Japan, 1980.

[87] Australian National Committee on Large Dams Incorporated. Guidelines on Dam Safety Management[S]. Australian, 2003.

[88] USSD Committee on Earthquakes. Guidelines on Design Features of Dams to Effectively Resist Seismic Ground Motion[S]. US, 2003.

[89] Chile Supreme Court Decree. Regulation on the Construction and Operation of Tailings Dams[S]. Santiago, Chile, 1970.

第2章 尾砂强度特性

2.1 饱和尾矿稳态特性

上游式筑坝工艺简单、管理方便、运营费用低[1]。坝体密实度较低，浸润线偏高，导致大部分坝体处于饱和状态，在静、动荷载作用下易发生液化或流滑。饱和尾矿流动破坏，具有突发性、危害性大的特点。大多数研究者试图从找出触发液化的条件入手，进而避免尾矿液化的发生[2,3]。然而，由于尾矿液化的触发受边界条件等因素的影响很大，室内研究很难将各个影响因子考虑全面；另一方面，尾矿的稳态特性与边界条件无关，主要取决于尾矿的固有特性及密度[4]。因此，对饱和尾矿的稳态特性进行研究，对规避坝体液化流滑破坏具有一定的实际意义。

砂土的流滑失稳已引起人们广泛关注，对此问题较为一致的认识是土体应变软化导致了后续的渐进性破坏[5]。自 Castro、Poulos 等[6-9]将稳态理论用于砂土液化评价后，有学者针对砂土和黄土的稳态特性进行了一些研究。如余湘娟、魏松等[10,11]对砂土的稳态强度做了相关试验研究，指出饱和松砂应变软化是地震后土层中液化范围扩大，并发生渐进破坏的根本原因。杨振茂、周永习等[12,13]分析了饱和黄土的稳态强度与液化特性，并对比了黄土与砂土稳态特性的异同。刘红军等[14]通过三轴试验，对黄河三角洲粉质土稳态强度进行了研究，定量分析了粉质土中的黏粒含量对稳态强度线的影响。朱建群等[5]以南京砂的固结不排水试验为基础，对其稳态特征进行了研究，建立了南京砂峰值强度和残余强度的关系，认为微小孔隙比变化可导致南京砂软化程度的较大变化。陈文昭等[15]对尾矿砂进行化学浸泡实验，探究不同酸化程度下尾矿砂稳态强度的变化规律。

尾矿是一种特殊的砂土，其物理力学性质的研究还未形成一套系统的理论，在坝体安全评价中，仍使用普通砂土的研究成果[16]。饱和尾矿的稳态特性是尾矿坝是否发生流滑破坏的关键因素，而针对尾矿的稳态特性研究较少。本书通过对某尾矿坝取样进行室内三轴固结不排水剪切试验，研究其稳态特性，为尾矿坝工程进行安全评估提供支持。

2.1.1　试样及试验方案

2.1.1.1 尾矿试样

试验所用尾矿取自某铜矿尾矿坝体，尾矿试样见图 2.1；尾矿试样的物理性质指标与其颗粒大小分析曲线分别见表 2.1 和图 2.2。可见试样级配不良，粒径较粗，从矿山尾矿库管理人员得知，坝体部分尾矿是经过二次选矿后进行堆存的。

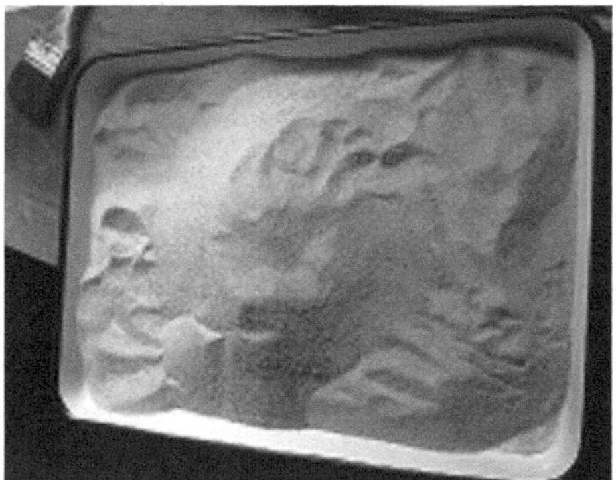

图 2.1　尾矿试样

表 2.1　尾矿试样的物理性质指标

土粒相对密度 G_s	平均粒径 d_{50}/mm	不均匀系数 C_u	最小干密度 ρ_{dmin}/(g·cm^{-3})	最大干密度 ρ_{dmax}/(g·cm^{-3})
2.86	0.28	2.0	1.25	1.7

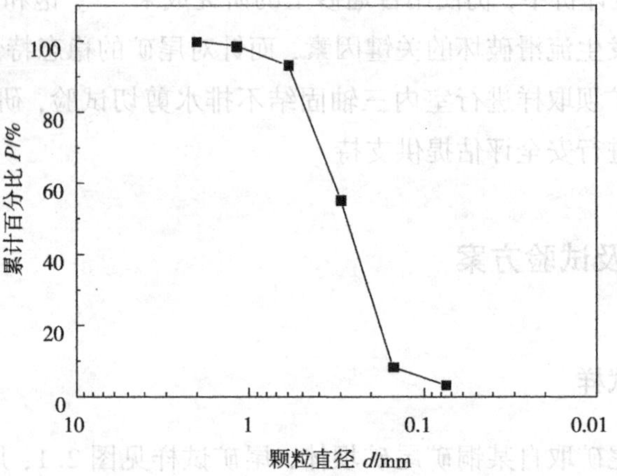

图 2.2　尾矿试样颗粒大小分析曲线

2.1.1.2 试验仪器

试验采用 STSZ-ZD 型全自动应变控制三轴仪，电机控制剪切速率，配套计算机辅助系统自动采集试验数据。

2.1.1.3 制样与饱和

湿击样法可以得到较大范围孔隙比的试样，因此，本试验所制样均采用湿击样法，含水率为 5%[17]。试样直径 $D=3.91$ cm，高 $h=8$ cm，分三层击实，试验方案见表 2.2。

试样饱和用先通二氧化碳再水头饱和的方法进行。二氧化碳饱和时气流速度宜慢不宜快，防止过快气流对试样密实度造成影响，据实际操作经验，2 s 左右冒一个气泡为好。水头饱和过程中，规范要求施加 20 kPa 围压避免水头差对试样造成膨胀影响，但据实际试验过程来看，20 kPa 围压对试样有挤压效果，致使水头饱和后饱和度达不到要求，故建议 15 kPa 左右围压为好[18]。试样经上述方法饱和后，饱和度均能达到95%以上。

表 2.2　试验方案

试验编号	干密度 ρ_d/(g·cm^{-3})	对应的制样质量/g	试验围压/kPa
1	1.30	124.8	100、200、300
2	1.32	126.7	100、200、300
3	1.34	128.6	100、200、300
4	1.36	130.6	100、200、300
5	1.38	132.5	100、200、300
6	1.41	135.4	100、200、300

2.1.1.4 试验方案

试验方法采用固结不排水剪切试验(CU)方法。饱和完成后的试样，分别在 100 kPa、200 kPa、300 kPa 的围压下进行固结，固结完成后进入剪切阶段。不排水剪切的速率按规程中的砂土取值，此处取 0.8 mm/min。由于本试验的目的是研究尾矿的稳态特性，因而需要测定饱和松散尾矿在大应变下的残余强度。故在剪应力达到峰值之后，还要继续进行剪切，直至轴向应变达到 20%左右，以便出现软化现象，观察到明显的稳态点。

2.1.2　试验结果分析

2.1.2.1 应力—应变—孔压关系

以密度 ρ_d = 1.30 g·cm^{-3} 的试样为例，图 2.3、图 2.4 分别为试样在不同围压下的剪应力-轴向应变、孔隙水压力-轴向应变曲线。从图中可以看出，在剪切初期，随着轴向应变不断增大，剪应力及孔隙水压力均持续增大。剪应力达到峰值后，孔隙水压力继续上升，根据有效应力原理，土体强度开始下降，此时轴向应变增长很快。在轴向应变达到20%左右以后，即达到密度、法向有效应力、孔隙水压力和剪应力不变的情况下的持续等速剪应变的运动状态，即所谓的稳态，此状态时，饱和尾矿原有结构已经完全破坏，形成新的流动结构。试验结果表明，饱和松散尾矿的固结不排水曲线具有明显的软化特性，而且随着围压的增大，剪切曲线软化程度逐渐降低，稳态点则随之上升，这也进一步证实了高尾矿坝体深部不易发生液化破坏的原因。

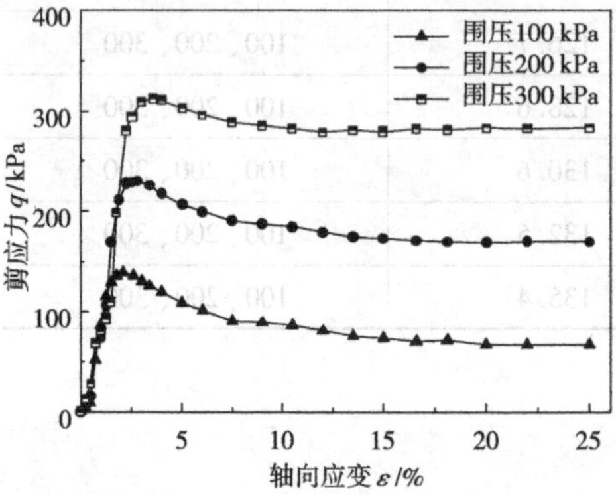

图 2.3 试样(ρ_d=1.30 g/cm^3)剪应力-轴向应变曲线

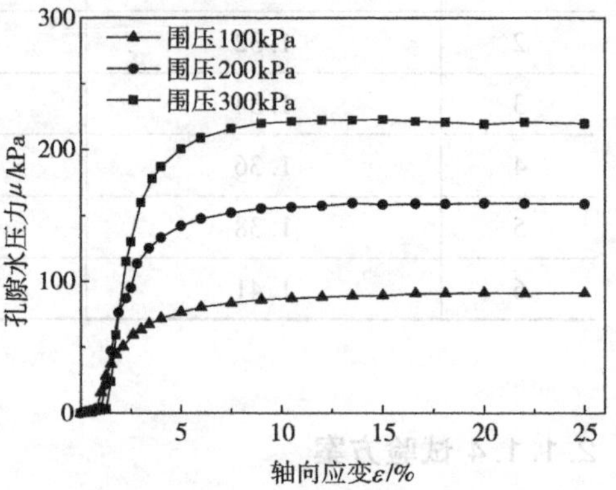

图 2.4 试样(ρ_d=1.30 g/cm^3)孔隙水压力-轴向应变曲线

图 2.5、图 2.6 分别为不同初始孔隙比的试样在同一围压(200 kPa)下的剪应力-轴向应变、孔隙水压力-轴向应变曲线。孔隙比大的试样，剪切时发生剪缩，属应变软化型。砂土密实度是无黏性土的重要结构特征，也是砂土液化重要影响因素之一[19]。因孔隙比是反映材料密实程度的重要指标，故孔隙比越大，试样越疏松，剪切强度则越低。从孔隙水压力发展曲线来看，达到稳定时的孔隙水压力随孔隙比的增大而增大，这是因为试样愈疏松则在同一围压下挤压效果愈明显，故稳定时的孔隙水压力也逐渐增大。

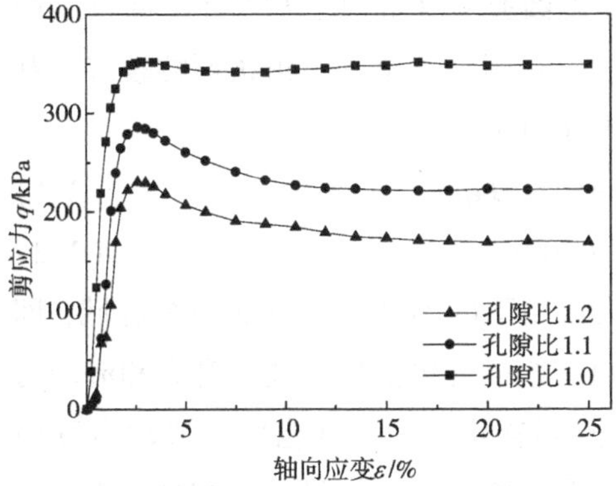

图 2.5 剪应力-轴向应变曲线

($\sigma_3=200$ kPa)

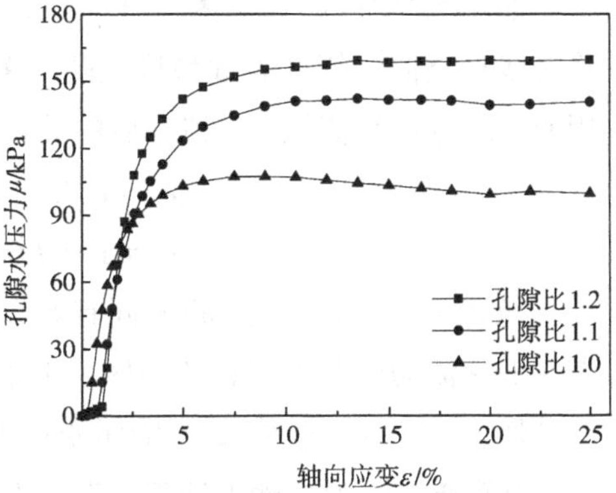

图 2.6 孔隙水压力-轴向应变曲线

($\sigma_3=200$ kPa)

2.1.2.2 稳态线的求解

据已有研究得知，稳态时孔隙比对土体的性能起关键作用，固定孔隙比对应着固定平均有效应力[13]。稳态时平均有效应力 $p'_{ss}=((\sigma'_1+2\sigma'_3)/3)_{ss}$、剪应力 $q'_{ss}=(\sigma'_1-\sigma'_3)_{ss}$（$\sigma'_1$为大主应力，$\sigma'_3$为小主应力）与其达到稳态时的孔隙比 e_{ss} 之间均可建立对应的关系，其关系线即为稳态线[11]。关于试验中稳态点的选取，这里根据稳态的定义和试验结果取轴向应变达到20%时所对应的点作为稳态点，此时孔隙水压力基本稳定、剪应力基本保持不变。图 2.7 为依此状态绘出的 $e_{ss}-p'_{ss}$ 和 $e_{ss}-q'_{ss}$ 关系线（围压为 100 kPa）。

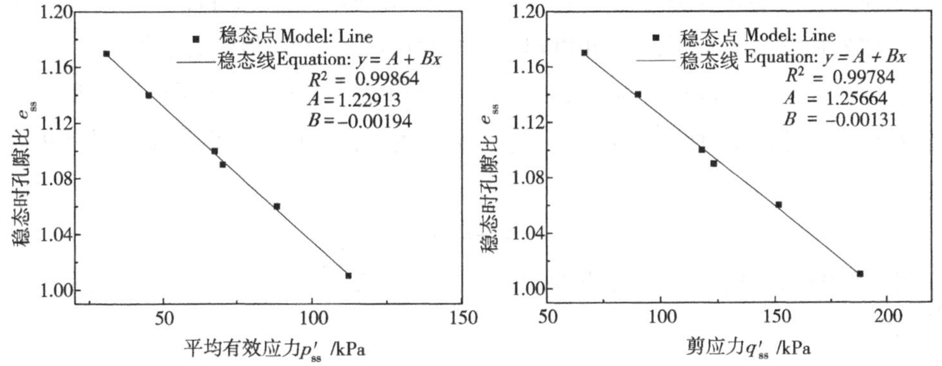

(a) $e_{ss}-p'_{ss}$ 曲线

(b) $e_{ss}-q'_{ss}$ 曲线

图 2.7 饱和尾矿稳态线

如图 2.7 所示，在坐标系上，尾矿稳态线是一条直线，与黄土、南京砂的稳态线相类似[5, 13]。直线坡度较陡，这主要是因为该尾矿含角状颗粒较多。利用 Origin 进行数值拟合，拟合后的关系式分别为：

$$e_{ss}=1.22913-0.00194p'_{ss} \tag{2.1}$$

$$e_{ss}=1.25664-0.00131q'_{ss} \tag{2.2}$$

稳态线是一分界线，将不同有效应力作用下的饱和尾矿分成两个区域，即潜在液化流动区与无液化流动区。由于只有松砂才可能发生孔压升高和流动滑移破坏，紧密砂只可能发生循环变形或循环软化，而不可能发生流动滑移破坏，因而通常认为当砂土处于稳态线上方受到剪切时土体呈现剪缩性，才可能发生流动滑移破坏。而处于稳态线以下的区域则为具有剪胀性的土体，液化时不会触发流动滑移。

稳态强度是指土体在稳态变形状态下可以动用的强度，其大小决定了土体在静、动荷载作用下的稳定性和永久变形，是验算震后土体是否发生渐进破坏的重要特性参数[10, 11]。当驱动剪应力小于稳态强度时，尾矿只能产生有限的变形，而不能产生失稳流动滑移破坏，只有驱动剪应力大于稳态强度时，才有可能产生失稳流动滑移破坏。

2.1.2.4 稳态的固有属性及描述稳态的参数

对于均质尾矿，稳态线是唯一不受土的结构、初始密度和压力影响的参考线，剪切过程中是否排水对其没有影响，是土体的内在固有属性，因此，可以用土体共有的某种参数结合各自的初始条件来描述其稳态特性[13, 17]。笔者拟从施加外荷载(不同围压)的角度出发，以验证尾矿稳态的固有属性。

图 2.8 是试验围压分别为 100 kPa、200 kPa 时的 $p'_{ss}-q'_{ss}$ 关系线。从图中可以看出，两者稳态时的 $p'_{ss}-q'_{ss}$ 关系均呈现直线型，且几乎连贯衔接。设其拟合方程为

$$q'_{ss}=f+K_s\cdot p'_{ss} \tag{2.3}$$

式中：f 为稳态时 $p'_{ss}-q'_{ss}$ 线在坐标轴 q'_{ss} 上的截距；K_s 为稳态时 $p'_{ss}-q'_{ss}$ 关系线的斜率。

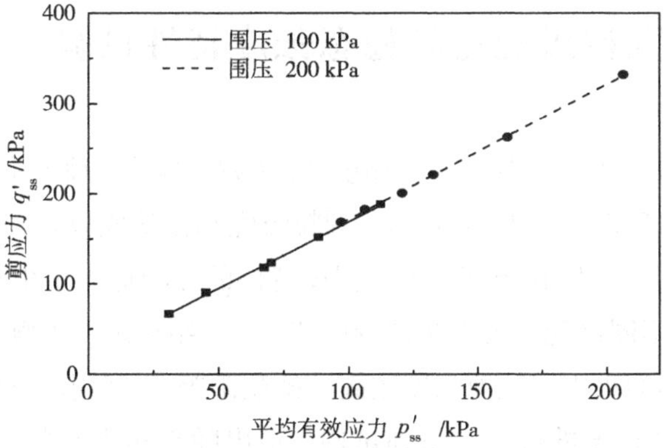

图 2.8　尾矿稳态时 p'_{ss} 与 q'_{ss} 间的关系

通过数值拟合得出：围压 100 kPa 时，$f=21.08464$，$K_s=1.47745$；围压 200 kPa 时，$f=22.09196$，$K_s=1.49678$。比较两围压条件下方程式对应参数值，容易发现结果也非常接近，与图示吻合。

由此说明稳态是尾矿的固有属性，对于一种确定的尾矿，无论其所处的外部环境如何，当它达到稳态时，在 p'_{ss}-q'_{ss} 空间内稳态线始终是唯一确定的。

描述稳态的参数可以采用稳态内摩擦角。当土体发生稳态变形时，土体内原有颗粒结构遭到彻底破坏，颗粒之间产生新的重组结构[10-13]，所以稳态内摩擦角是土体变形最终可动用的有效内摩擦角，这也是稳态内摩擦角的物理含义。

根据 Mohr-Coulomb 准则，尾矿稳态时的内摩擦角可通过式(2.4)反算得到[5, 11]

$$K_s=\left(\frac{q'}{p'}\right)_{ss}=\frac{6\sin\varphi'_{ss}}{3-\sin\varphi'_{ss}} \tag{2.4}$$

式中：φ'_{ss} 为稳态内摩擦角。

根据式(2.4)中的 K_s，计算得到：$\varphi'_{ss}=36.35°$（$\sigma_3=100$ kPa），$\varphi'_{ss}=36.80°$（$\sigma_3=200$ kPa），对于同一尾矿只有一个内摩擦角，取平均值 $\varphi'_{ss}=36.575°$。

2.2 不同颗粒级配尾砂稳态强度特性试验

砂土稳态强度不仅受其赋存的环境条件(如地应力、地下水的流动等)的影响,也与砂土物理性质(如矿物成分、颗粒级配和化学成分等)相关。

国内外学者关于颗粒级配对砂土强度特性的影响进行了少量研究,如蒋明镜等[20]对五种不同级配的火山灰进行剪切试验,结果表明大颗粒含量较多、级配良好、较密实的火山灰抗剪强度较高。衡朝阳等[21]利用动三轴仪,对不同颗粒级配下含黏粒砂土进行了一系列试验,指出随着粗颗粒粒径由大到小的变化,含黏粒砂土的抗液化能力逐渐降低;液化应力比与黏粒含量成抛物线关系。刘飞禹等[22]分别采用土工格栅和土工织物加筋 3 种不同级配的砂土,进行室内大型直剪试验,指出粗砂和细砂与筋材的界面剪切强度要明显大于粗细混合砂;粗砂与土工格栅作用时达到峰值强度所需的剪切位移比与土工织物作用时大,而细砂则相反。

Esma 等[23]对 18 个 Tergha 海砂试样进行直剪试验,结果显示内摩擦角随着粒径增大而增大,尽管级配与内摩擦角之间存在一定关联性,但级配对该海砂内摩擦角的影响并不显著。Mohammad 和 Ali[24]对砂黏土混合物的强度特性进行了研究,指出剪切强度随着细粒含量增加而降低,在细粒含量约 30%时,其剪切强度和应力-应变特性发生显著改变。

相对于普通砂土,尾矿具有以下特点:它是典型的颗粒材料,级配丰富,不同矿种、不同选矿工艺产出不同级配尾矿。由上面的分析可以看出,不同颗粒级配土体力学性质研究已经取得一定进展,但针对颗粒级配影响尾矿稳态强度特性的研究仍鲜见报道。本节通过开展某尾砂试样在不同颗粒级配下的剪切试验,即可获得尾砂的剪切特性与稳态强度特性,又可为深入探究尾矿坝液化流滑破坏机理,正确进行尾矿坝工程安全评价提供支持。

2.2.1 试样及试验方案

2.2.1.1 试验仪器

为研究不同颗粒级配对尾砂稳态强度特性的影响，在三种级配下进行尾砂试样的等向固结不排水三轴剪切试验(CU)。试验仪器为 STSZ-ZD 型全自动应变控制三轴剪切仪。

2.2.1.2 试验方案

尾矿取自某铜矿尾矿库子坝，将初始尾矿在烘箱中经 105~110℃的恒温烘烤 6 h 左右，之后进行筛分试验。本次筛分使用的筛孔从大到小分别为 2 mm、1.18 mm、0.6 mm、0.3 mm、0.15 mm、0.075 mm，振筛时间为 10 min。筛分结束后，由上而下的顺序将各筛取下，称取各级筛上及底盘内试样的质量(结果精确至 0.1g)，并依不同筛孔大小做好对应数据记录。称量每级筛上及底盘内试样的质量后，分别用透明塑料袋封装好，并贴上对应粒径大小的标签，把其放在干燥器皿内收好待用。

经筛分后，发现粒径 0.3~0.6 mm 及粒径 0.15~0.3 mm 范围的颗粒所占比重较大，分别为 46.6%、33.3%。故采取变动这两个粒径范围颗粒的含量来达到不同级配的目的，不同级配的粒径分布见表 2.3，各级配下的尾砂试样物理性质指标见表 2.4，尾砂颗粒大小分布曲线见图 2.9。

各级配尾砂按同样初始孔隙比分别成样，饱和后分别在 100 kPa、200 kPa、300 kPa 的围压下进行等向固结不排水剪切，试样大小采用直径和高度分别为 3.91 cm、8 cm 的柱体模型。为方便得到不同密实度的试样，采用湿成法，初始含水率为 5%[17]。试样分三层装样，每层质量均等，层与层之间进行刮毛处理。试样先经过二氧化碳气体饱和，再进行水头饱和，饱和度均达 95%以上。为观察到比较明显的稳态曲线，在轴向应变达到 25%才停止试验。

表 2.3　不同级配的粒径分布

粒径范围/mm	级配一/g	级配二/g	级配三/g
1.18~2	30	30	30
0.6~1.18	324	324	324
0.3~0.6	2120	2920	3720
0.15~0.3	2900	2100	1300
0.075~0.15	780	780	780
<0.075	154	154	154

表 2.4　尾砂试样物理性质指标

方案	土粒相对密度 G_s	平均粒径 d_{50}/mm	不均匀系数 C_u	最小干密度 $\rho_{dmin}/(g \cdot cm^{-3})$	最大干密度 $\rho_{dmax}/(g \cdot cm^{-3})$
级配一	2.87	0.26	2.42	1.24	1.65
级配二	2.86	0.31	3.17	1.27	1.78
级配三	2.86	0.37	3.58	1.3	1.82

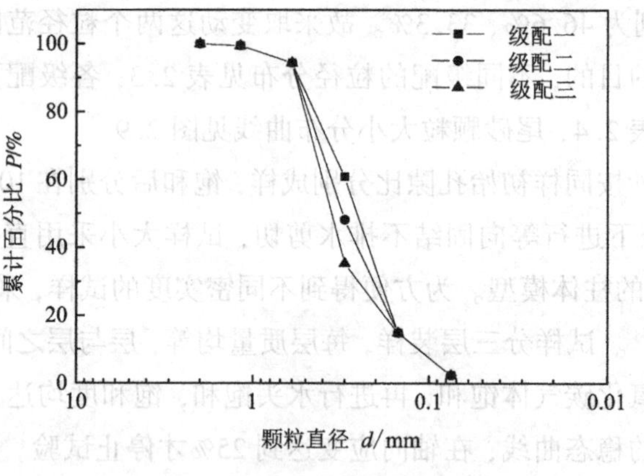

图 2.9　尾砂颗粒大小分布曲线

2.2.2　试验结果分析

2.2.2.1 不同级配试样的剪切特性

图 2.10~图 2.13 为不同级配试样在各初始孔隙比时的应力-应变曲线。可见在低围压时，松散饱和尾砂试样的应力-应变曲线呈软化型，且随着围压的增大(见图 2.12、图 2.14)，软化程度逐渐减弱。在同一围压下，具有相同密实度各级配试样的应力-应变曲线软化程度也不一样，其中级配一试样曲线的最终稳定值最小，级配二试样次之，级配三试样最大。这是因为级配一试样中粒径 0.3~0.6 mm 范围的含量在三者中最少，而粒径 0.15~0.3 mm 范围的含量最多，即细粒含量最大。在进行三轴剪切时，试样中细颗粒在持续增长的孔隙水压力作用下较粗颗粒更容易失去抗剪强度，因此，细颗粒越多的同密实度试样，在相同围压下其有效应力减小得更快，也就容易出现更明显软化的现象。在密实度较高时，各级配下试样的应力-应变曲线均呈现硬化型，级配三试样的剪切强度最大。

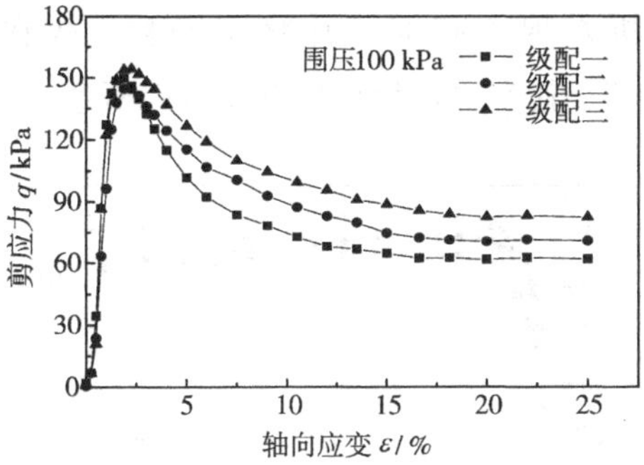

图 2.10　试样($e=1.16$, $\sigma_3=100$ kPa)应力-应变曲线

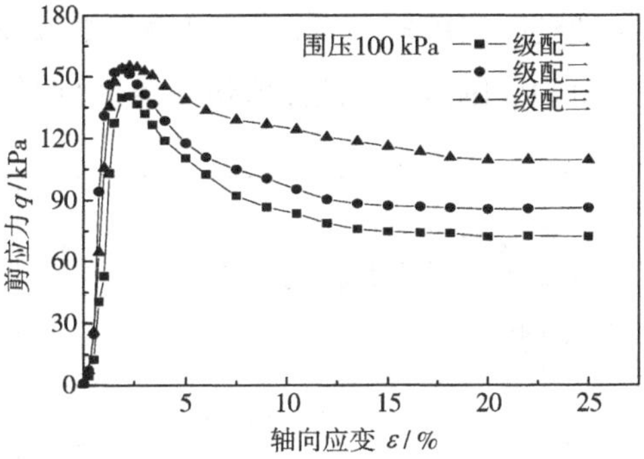

图 2.11　试样($e=1.12$, $\sigma_3=100$ kPa)应力-应变曲线

图 2.14 为中密实度试样在 200 kPa 围压下的应力-应变曲线。级配一与级配二试样的应力-应变曲线随轴向应变的增大呈现先软化、后硬化型，是颗粒搭配不均导致的。而级配三试样的应力-应变曲线则呈硬化型，是因该试样粗

颗粒含量较多，颗粒之间的“咬合”作用力较大，在较高围压下级配三试样表现出较好的稳定性，因而没有发生软化。

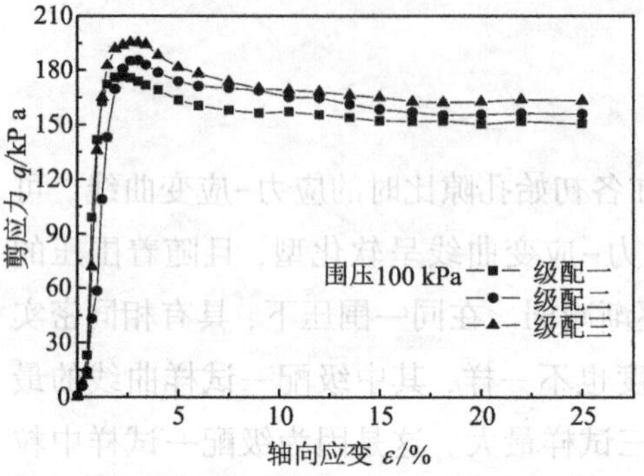

图 2.12　试样($e=1.08$, $\sigma_3=100$ kPa)应力–应变曲线

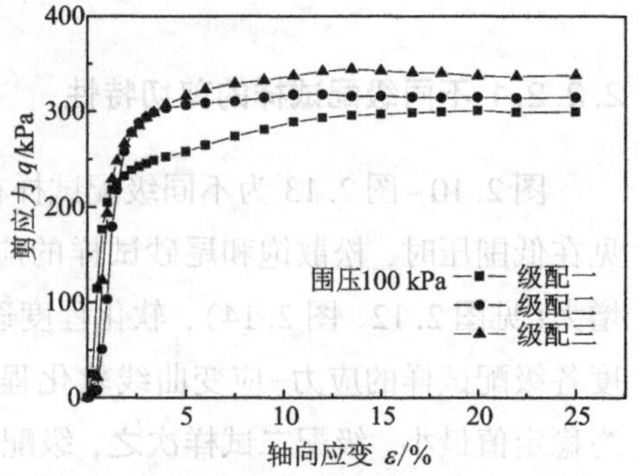

图 2.13　试样($e=0.98$, $\sigma_3=100$ kPa)应力–应变曲线

随着围压的增大，应力–应变曲线逐渐由软化型转为硬化型，而图 2.15 为上述三种试样在 300 kPa 围压下的应力–应变曲线，却呈现软化型。有研究表明，无黏聚力类土体在进行高围压三轴剪切试验时，粗颗粒易受压破碎和重新排列而致使土体的剪切强度下降[25]。实地调研获知，本次试验所使用尾砂是经过二次选矿后的堆积物，细观分析发现含有部分片状粗颗粒。故在 300 kPa 围压下，试样剪切曲线呈“假软化”，其实质是片状粗颗粒破碎所致。

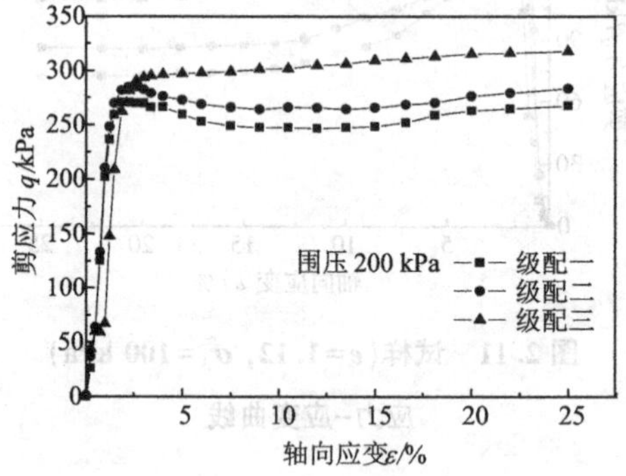

图 2.14　试样($e=1.08$, $\sigma_3=200$ kPa)应力–应变曲线

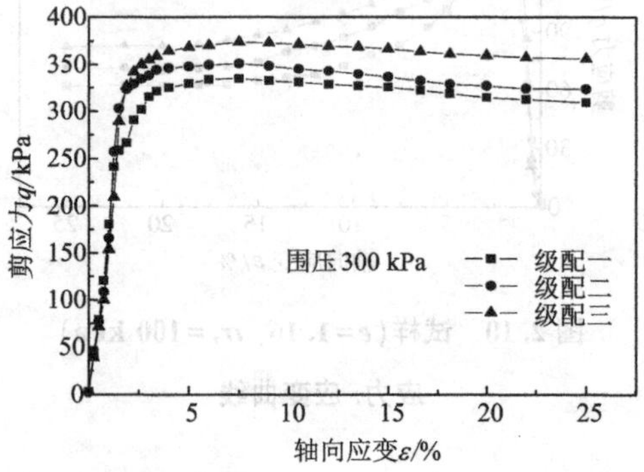

图 2.15　试样($e=1.08$, $\sigma_3=300$ kPa)应力–应变曲线

2.2.2.2 三种级配试样的稳态强度特性

稳态变形是指试样颗粒之间的最初胶结状态在剪应力作用下遭到破坏，颗粒之间的重组在统计学上已形成新的定向排列。结合试验现象及稳态理论，本节稳态点的选取均按照轴向应变达到 20%时来进行。

稳态线为材料在稳态时的平均有效应力或剪应力与其达到稳态时的孔隙比的关系线。图 2.16 为三种级配尾砂的稳态线，其斜率呈减小趋势，级配一的斜率最大。稳态线是一条分界线，将不同有效围压作用下的饱和尾砂分成两个区域，分别表示潜在的流滑破坏区与非流滑破坏区[26]。稳态线以上区域，剪切时土体呈现剪缩性，在实际情况下则有可能伴随液化产生大的应变，将致使流滑灾害的发生。而稳态线以下的区域则为具有剪胀性的土体，不会触发液化流滑。因此，依据三种级配试样在 $e_{ss}-q_{ss}$ 空间内的稳态线分布位置可以判断，级配一的尾砂在外力作用下更易发生液化，级配二次之。级配一试样的平均粒径在三者中最小，即说明尾砂颗粒越细，越容易发生液化。

在图 2.16 中对数据进行拟合，得到三种级配尾砂的 $e_{ss}-q'_{ss}$ 关系式分别为

$$\text{级配一}\qquad e_{ss}=1.24417-0.00179q'_{ss} \tag{2.5}$$

$$\text{级配二}\qquad e_{ss}=1.24932-0.00157q'_{ss} \tag{2.6}$$

$$\text{级配三}\qquad e_{ss}=1.25327-0.00145q'_{ss} \tag{2.7}$$

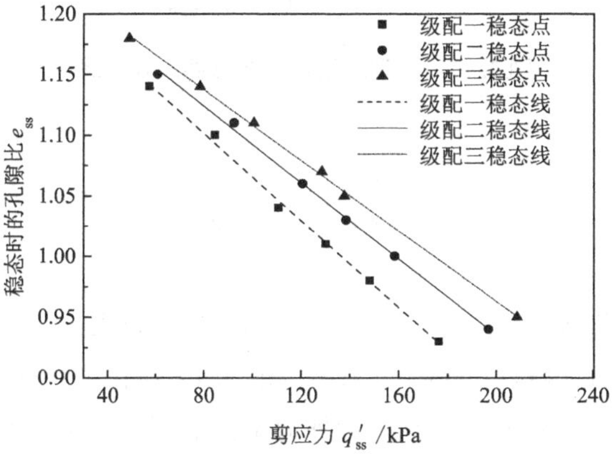

图 2.16　三种级配饱和尾砂稳态线

图 2.17 为三种级配饱和尾砂的稳态强度线，其斜率相近但各有差别。其中级配三试样的稳态强度线斜率在三者中最大，级配二试样次之，反映出尾砂颗粒越粗则稳态强度越高。对上述数据进行拟合，得出各级配下稳态强度的关系式分别为

$$\text{级配一}\quad q'_{ss}=23.57+1.4328p'_{ss} \tag{2.8}$$

$$\text{级配二}\quad q'_{ss}=22.08996+1.48516p'_{ss} \tag{2.9}$$

$$\text{级配三}\quad q'_{ss}=20.18355+1.52441p'_{ss} \tag{2.10}$$

稳态内摩擦角是土体本身的一个参数，它的大小关系到土体在外力作用下是否发生失稳流滑破坏。根据 Mohr-Coulomb 准则，三种级配试样达到稳态时的内摩擦角可通过式(2.11)反算得到[5]。

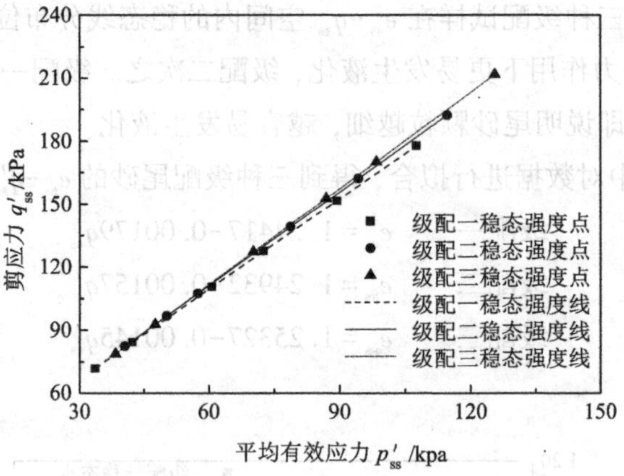

图 2.17　三种级配饱和尾砂稳态强度线

$$k_s=\left(\frac{q}{p'}\right)_{ss}=\frac{6\sin\varphi_s}{3-\sin\varphi_s} \tag{2.11}$$

式中：k_s 为各级配试样稳态强度线的斜率，通过式(2.11)计算出各级配试样的稳态内摩擦角分别为：35.33°(级配一)、36.52°(级配二)、37.43°(级配三)。可见试样颗粒越细，稳态内摩擦角越小。根据土体的抗剪强度公式，这也从另一个方面验证了细颗粒的尾砂在同种外力条件下，更易诱发液化。

2.3　高应力作用下尾砂非线性剪切强度特性

在工程实践中，出于对坝体安全的考虑，往往要对坝基的稳定性、地基的承载力、挡土墙的压力以及边坡失稳条件等进行分析，而这些安全评价都与尾矿的抗剪强度有着密切关系[27]。许多尾矿坝由于种种原因，不得不继续加高，很多已达到或超过最初的设计高度。当尾矿赋存在高应力环境中，无论是坝体尾矿还是库体深部尾矿的力学响应均与表层尾矿表现出较大的差异。当尾矿堆积高度超过 100 m 后，直接将低应力试验结果应用于高尾矿坝的稳定分析与设计，是不可取的，应该考虑尾矿在高应力作用下的强度特性[28]。为此，对高应力条件下尾砂的剪切强度特性进行深入研究，将有助于准确地反映高尾矿坝坡的实际安全状态。

在高应力作用下土体强度特性变得非常复杂，如何客观准确地描述高应力状态下土体的强度特性一直为工程界关注的热点。赵光思等[29]通过试验研究了高压条件下颗粒破碎对福建标准砂抗剪强度特性的影响，指出高压条件下砂的颗粒破碎与塑性功成线性关系，颗粒破碎是砂在高压条件下剪切特性呈非线性的根本原因。殷家瑜等[30]通过试验指出高压力下尾砂内摩擦角比常压力下减小 8°~13°。刘海明等[31]通过试验指出高压剪切后尾砂颗粒破碎数量随着围压的增大而增大，但增大的幅度随着围压的增大而逐渐减小，并提出了尾砂颗粒破碎的应力阈值。Miura 和 Yamanouchi[32]对石英砂进行了试验，以力学化学的观点，指出高应力作用下砂粒表面能的改变将引起砂的水敏感性，从而导致颗粒破碎，出现试样压缩性增加及强度降低的现象。杨春和等[33]基于高应力三轴试验，分析尾矿颗粒破碎过程中级配曲线的演化规律，提出高应力条件下尾矿强度准则。

本节通过三轴固结不排水试验，提出能较好地描述尾砂应变软化现象的修正双曲线模型；研究高应力条件下尾砂非线性强度特性，建立高应力作用下尾砂的幂函数型 Mohr 强度准则和抛物线型 Mohr 强度准则，比较了两个准则的拟合效果，并研究了非线性强度准则参数变化规律。研究成果可为实际高尾矿坝的稳定分析和工程设计提供理论基础。

2.3.1 试样及试验方案

2.3.1.1 试验材料

所用尾矿取自某尾矿库子坝，矿石金属矿物有黄铁矿、黄铜矿、辉铜矿、蓝辉铜矿、磁铁矿、赤铁矿等。尾矿主要以石英砂为主，是经过二次选矿后进行堆存的，颗粒大小分布曲线如图2.18所示，物理性质指标见表2.5。

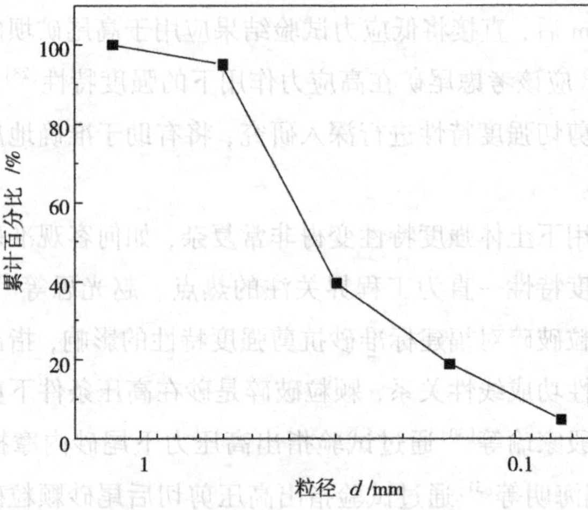

图2.18 尾砂颗粒大小分布曲线

表2.5 尾砂试样物理性质指标

干密度 $\rho_d/(g\cdot cm^{-3})$	平均粒径 d_{50}/mm	砂粒相对密度 G_s	相对密实度 D_r
1.44	0.37	2.71	0.415

2.3.1.2 试验仪器

围压在500 kPa以上的试验即可认为是尾砂的高应力试验[28]。Charles 和 Watts[34]研究认为，坝高为50 m的堆石坝，危险滑弧处的最大可能围压不会超过 400 kPa，Lee[35]对东南亚的高土石坝的研究结果认为，坝高 200 m 危险滑弧处的最大可能围压不会超过 1 MPa。本试验最大围压达 1.6 MPa，试验结果能反映高应力作用下尾砂的力学特性。试验采用 STSZ-ZD 型全自动应变控制三轴剪切仪。

2.3.1.3 试验方案

试样采用直径和高度分别为 3.91 cm、8 cm 的柱体模型。为方便试样成型，采用湿成法，初始含水率为 5%。试样分三层装样，每层质量均等，层与层之间进行刮毛处理。试样先经二氧化碳气体饱和，再进行水头饱和。二氧化碳饱和过程中，需控制好气体流速，气流过快会冲击试样，对试验结果造成较大误差，气流过慢，则饱和所需时间过长，以量管内 3 s 左右产生一个气泡为佳，饱和过程持续时间均为 30 min，这样试样饱和度均能达到 95%以上。分别在 400 kPa、800 kPa、1200 kPa、1600 kPa 围压下进行固结不排水剪切试验，剪切速率为 0.6 mm/min。为观察到比较完整的强度曲线，在轴向应变达到 20%时才停止试验。

2.3.2　试验结果分析

图 2.19 为试样在不同围压下的应力-应变关系曲线。该曲线表明随着轴向应变的增加，主应力差迅速增长，且峰值随着围压的增大而增大。达到峰值后，各围压下的主应力差则缓慢下降，软化现象出现。

尾砂即使在常压下进行排水剪切试验，颗粒也会破碎[30]。实地调研获知，本次试验所使用的尾砂是经过二次选矿后的堆积物，细观分析发现试样含有很多片状粗颗粒。剪切后对试样进行烘干，发现颗粒变细，因此，造成高应力饱和尾砂软化程度增大的主要原因，是颗粒破碎导致尾砂试样中小粒径的含量增多，排列结构发生重组。受约束条件的制约，新产生的尾砂细粒无法充分填充到骨架间的空隙中，颗粒滑动摩擦阻力降低，从而导致尾砂试样呈软化特性。

Kondner(1963)根据大量土的三轴应力-应变关系曲线，提出可以用双曲线拟合一般土的三轴试验$(\sigma_1-\sigma_3)-\varepsilon_1$ 曲线的结论，即

$$\sigma_1-\sigma_3=\frac{\varepsilon_1}{a+b\varepsilon_1} \tag{2.12}$$

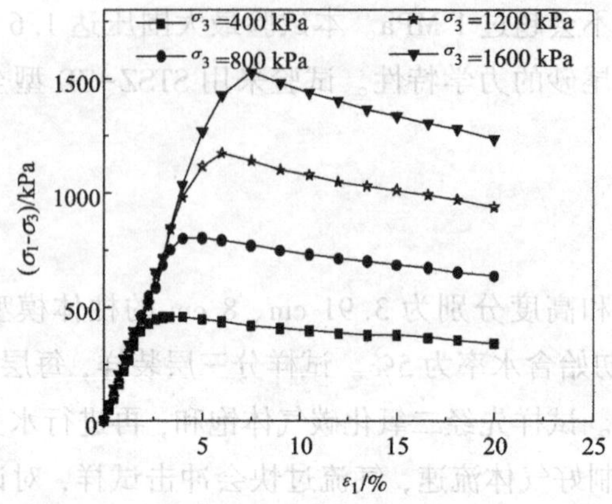

图 2.19　应力-应变曲线

式中：$\sigma_1-\sigma_3$ 为偏应力，a、b 为拟合参数。

式(2.12)只适用于无应变软化的情况，但从图 2.19 可见，高应力作用下尾砂具有明显的应变软化现象，为了更好地描述尾砂的应力-应变关系，拟采用修正的双曲线模型[36]

$$\sigma_1-\sigma_3=\frac{\varepsilon_1}{e+f\varepsilon_1+d\varepsilon_1^2} \tag{2.13}$$

式中：e、f、d 为拟合参数，见图 2.20，拟合结果较好。

2.3.3　Mohr 强度准则

2.3.3.1 线性 Mohr 强度准则

线性 Mohr 强度准则认为土体承载的最大剪切力 τ 是由黏聚力 c 和内摩擦角 φ 决定，是其他强度准则的基础，一般可表示为[37]

$$\tau=c+\sigma\tan\varphi \tag{2.14}$$

如用主应力表述可表示为

$$\sigma_1=\frac{2c\cos\varphi}{1-\sin\varphi}+\frac{1+\sin\varphi}{1-\sin\varphi}\sigma_3 \tag{2.15}$$

式中：σ 为正应力，σ_1、σ_3 分别为最大、最小主应力。

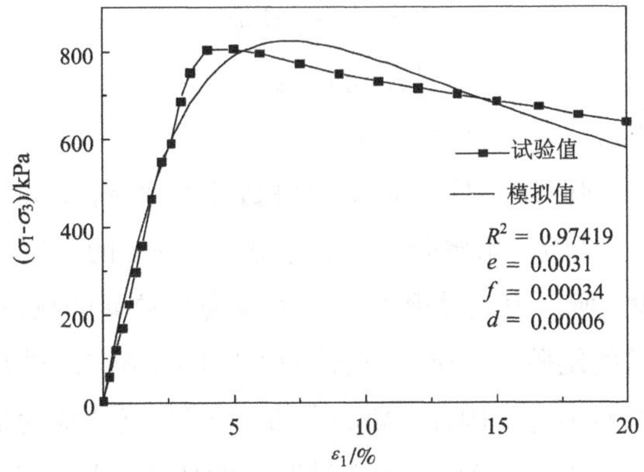

图 2.20　模拟结果与试验结果的比较(σ_3=800 kPa)

2.3.3.2 非线性 Mohr 强度准则

土体强度理论多以三轴压缩试验结果拟合 Mohr 破坏包络线，目前非线性 Mohr 强度包络线形式主要有幂函数型、双曲线型以及抛物线型等。双曲线的几何性质之一是有渐进线，当围压较大时，剪应力和正应力的关系曲线会呈现出近似线性变化的特征，双曲线型具有很大的局限性[38]。因此，认为非线性 Mohr 强度准则为抛物线型和幂函数型非线性 Mohr 强度准则更为合理。

双参数抛物线型 Mohr 强度准则一般可表示为

$$\sigma = g\tau^2 + h \tag{2.16}$$

式中：σ 为法向压应力；τ 为剪应力；g、h 为材料常数。

关于幂函数型 Mohr 强度准则，一般表达式为

$$\tau = m\sigma^n + c \tag{2.17}$$

式中：m、n 为参数。若令 $n=1$，$m=\tan\varphi$，φ 为砂土的内摩擦角，则式(2.17)变为线性 Mohr 强度准则。

2.3.4　强度准则的选取

2.3.4.1 线性 Mohr 强度准则参数的确定

试验所得数据可用偏应力 q、平均应力 p 的点(p_i，q_i)形式来表达，转换成

法向应力、剪应力的形式为

$$\begin{cases}\sigma_i = p_i - q_i \sin\varphi_i \\ \tau_i = q_i \cos\varphi_i\end{cases} \tag{2.18}$$

式中：φ_i 为数据点(p_i, q_i)的内摩擦角。

根据线性 Mohr 强度准则和试验所得数据可绘制 Mohr 圆及包络线，如图 2.21 所示。由于试验所用尾砂粒径大于 0.075 mm 的含量约占 95%，颗粒较粗，黏粒含量很少，所以表观黏聚力主要表现为颗粒间的机械咬合力。试验所使用的是经扰动后的尾砂，颗粒间咬合力由于土粒结构的破坏而被大大削弱，其大小一般可以忽略不计。因此，Mohr 圆的强度包络线应为通过原点的直线，可先对三轴试验的若干极限 Mohr 圆作过原点的切线，得相应的 φ，再取 φ 的平均值作为尾砂的强度参数[39]。

从图 2.21 可以看出，对于高应力作用下的尾砂而言，用平均内摩擦角的方法，直接将线性抗剪强度模型应用到高尾矿坝坡稳定分析与工程设计是有一定缺陷的。为了更好地反映抗剪强度与法向应力之间的关系，很有必要发展非线性 Mohr 强度表达式。

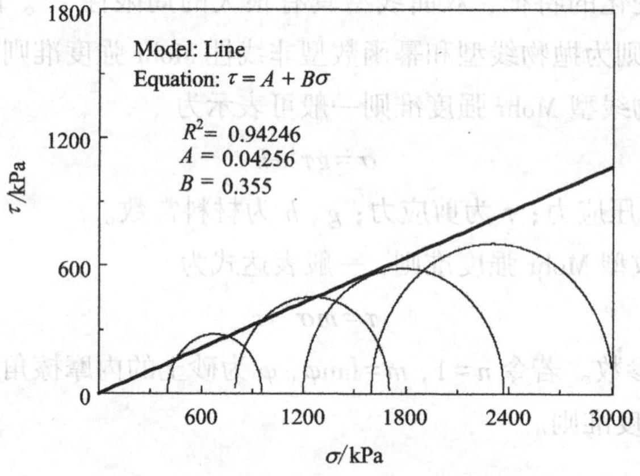

图 2.21 线性 Mohr 强度包络线

2.3.4.2 非线性 Mhor 强度准则参数的确定

提取 Mohr 包络线与 Mohr 圆的所有切点数据，采用 Origin 软件，分别按式

(2.16)、式(2.17)对切点数据进行拟合，结果见表 2.6、图 2.22。

表 2.6　非线性 Mohr 强度准则

强度准则	拟合关系式	相关系数 R^2
抛物线型(式 2.16)	$\tau^2 = 189.43063\sigma$	0.95270
幂函数型(式 2.17)	$\tau = 2.52654\sigma^{0.73108}$	0.99974

表 2.7 是利用回归后的幂函数型 Mohr 包络线方程求得的计算值与破坏强度试验值的比较。结果显示应用幂函数型 Mohr 强度准则计算的值与实际尾砂抗剪强度值的误差在 2%以内，而修正的抛物线型包络线由于剪应力的指数固定，使得其只能在一定程度上较直线型与试验数据吻合，其计算结果误差相对较大。可见采用幂函数型 Mohr 强度准则作为高应力加载路径下尾砂破坏的强度判据具有一定优越性，能应用于实际工程计算中，尤其是在高应力条件下，能更好地反映饱和尾砂的非线性剪切强度特性。

图 2.23 为三轴压缩破坏时对应的强度曲线，在低应力水平下强度曲线基本上呈线性关系；而在较高应力状态时，尽管其强度值也随围压的增大而增大，但其增大趋势有所减缓。即在高应力条件下，尾砂强度曲线呈曲线关系增强，随着围压的增大而不断向下弯曲。

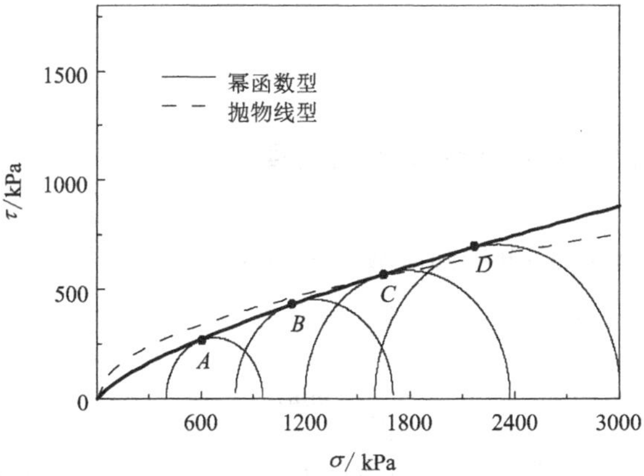

图 2.22　非线性 Mohr 强度拟合结果

表 2.7　三轴试验值与非线性 Mohr 强度计算值的比较

σ_3/kPa	τ/kPa（试验值）	τ/kPa（计算值）		（计算值-试验值）/计算值	
		幂函数型	抛物线型	幂函数型	抛物线型
400	267.25	271.38	337.13	1.52%	20.73%
800	431.25	426.90	459.58	-1.02%	6.16%
1200	567.26	565.77	557.20	-0.26%	-1.81%
1600	684.20	686.41	635.95	0.32%	-7.59%

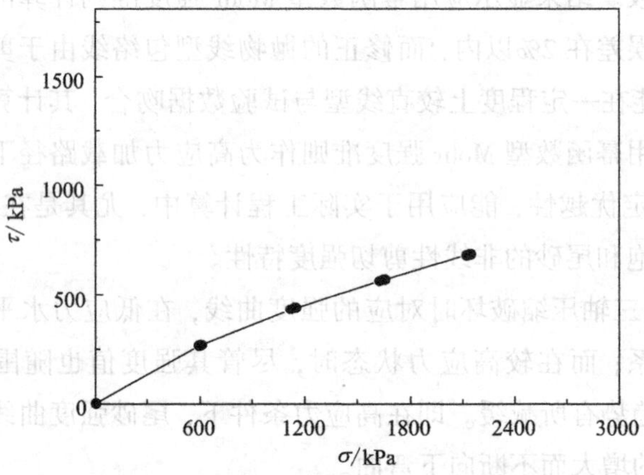

图 2.23　三轴压缩破坏时的强度曲线

2.3.5　非线性强度准则参数变化规律

将幂函数型 Mohr 强度准则函数对法向应力变量求导，则得到尾砂内摩擦角随剪切面等效法向应力变化的函数关系为[40]

$$\frac{\partial\tau}{\partial\sigma}=mn\sigma^{n-1} \tag{2.19}$$

根据试验结果，尾砂在高应力条件下内摩擦角的函数变化关系式为

$$\varphi=\arctan(1.8471\sigma^{-0.26892}) \tag{2.20}$$

图 2.24 为不同法向应力下尾砂的内摩擦角，显示在高应力作用下尾砂的

实际内摩擦角并不是一个定值，而是随着围压的增加而减小，且减小的幅度也越来越小，具有幂函数型非线性特征。500 kPa 以内，内摩擦角下降速率很快，然后随着法向应力的增加，变化速率逐渐趋缓。

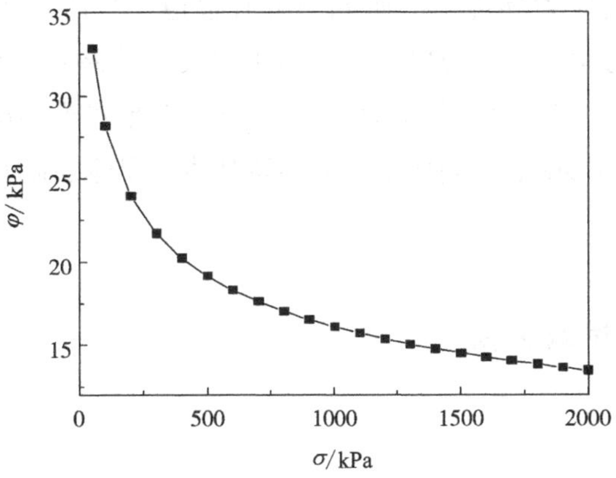

图 2.24　内摩擦角随等效法向应力的变化趋势

2.4　细粒含量对高应力尾砂不排水剪切强度特性的影响

长期的工程实践和试验研究表明，尾矿的剪切强度等力学性质除与矿石成分、筑坝方式以及矿浆的沉积特性有关外，还与尾矿的粒度组成有关[41]。随着资源状况的变化、产品质量要求的提高以及选矿技术的发展，目前，我国选矿厂尾砂总体变得越来越细。国内外学者关于细粒含量对砂土工程特性的影响进行了少量研究，如 Polito 和 Martin[42] 研究了砂中粉粒对液化阻力的影响，指出砂的液化阻力仅由相对密度控制，与粉粒含量无关。Mehmet 和 Jerry[43] 通过三轴压缩试验得出，当细粒含量为 0 %～20 %且砂粒与细粒的平均粒径比很小时，干净砂土的液化敏感性随着细粒含量的增加而增大。刘雪珠和陈国兴[44] 对不同黏粒含量的南京粉细砂进行了液化研究，结果表明黏粒含量对粉细砂抗液化能力影响很大。石杰等[45] 对 3 组不同细粒含量的粗细粒混合土进行固结排水剪切试验，得出在围压相同条件下，应力水平随着细粒含量的增加而降低。张超和杨春和[46]指出当细粒含量为35 %时，尾砂的抗液化能力最好。王勇和王艳丽[47]通过三轴试验得出，砂土阻尼比随着细粒含量的增加呈现非单调性的先增后减趋势。

国内外考虑细粒含量对尾砂剪切强度特性和颗粒破碎特性影响的研究很少见到，尤其是对高应力环境下的研究则鲜有报道。当尾矿赋存在高应力环境中，坝体尾矿的力学响应表现出与表层尾矿有较大的差异。为此，通过开展不同细粒含量时高应力尾砂的剪切试验，分析细粒含量对饱和尾砂剪切强度特性和颗粒破碎特性的影响，为创新尾矿坝堆筑技术、坝体加高及工程安全评价提供参考。

2.4.1 试样及试验方法

2.4.1.1 试样

试验所用尾矿取自某尾矿库子坝，主要成分为石英，金属矿物含量很低。现场尾矿经过湿筛，各粒级分别经过不少于 8 h 的烘干处理，装袋后置于干燥皿中。不同细粒(<0.075 mm 粒级)含量的试样粒度组成及主要物理性质指标见表2.8。

表 2.8　不同细粒含量的试样粒度组成及主要物理性质指标

细粒含量/%	各粒级含量/%					干密度 ρ_d/(g·cm^{-3})	不均匀系数 C_u	砂粒相对密度 G_s
	1.18~0.60 mm	0.60~0.30 mm	0.30~0.15 mm	0.15~0.075 mm	0~0.075 mm			
0	5	30	45	20	0	1.354	2.518	2.702
3	5	30	42	20	3	1.367	2.786	2.704
6	5	30	39	20	6	1.376	3.120	2.707
9	5	30	36	20	9	1.384	3.545	2.710
12	5	30	33	20	12	1.389	4.108	2.712
15	5	30	30	20	15	1.396	4.889	2.715

2.4.1.2 试验设备及方法

试验仪器为 STSZ-ZD 型全自动应变控制三轴剪切仪。在剪切速率为 0.4 mm/min、不同高围压(围压值>500 kPa)与不同细粒含量条件下，对饱和尾砂进行多组固结不排水剪切试验(CU)，观察不同细粒含量时尾砂剪切强度随围压的变化规律，然后对所有试验后的试样进行筛分，通过比较试验前后级配变化来分析不同细粒含量时尾砂颗粒破碎随围压的变化情况。

2.4.2　试验结果与分析

2.4.2.1 细粒含量对不排水剪切强度影响

通过对各细粒含量尾砂进行固结不排水剪切试验，从而得到主应力差与轴向应变关系曲线、孔隙水压力与轴向应变关系曲线和应力路径曲线，如图 2.25~图 2.27 所示($\sigma_3=1600$ kPa)。从图 2.25 可知：①试样剪切强度在试验初期均迅速增长，达到峰值强度后均呈现不同程度的软化。②随细粒含量增加，峰值强度变小，软化程度越来越弱。这是由于细粒含量增加、粗粒含量减少，粒间空隙被细粒填充，从而抑制了颗粒破碎的发生，软化程度被弱化。从图 2.26 可知，孔隙水压力随着剪切强度的增长先显著上升后升幅趋缓；细粒含量越高孔隙水压力越高。细粒含量增加，填充了更多的粒间空隙，使得孔隙水压力增长更迅速。参照 Yoshinminet 和 Ishihara[48]对饱和砂土不排水剪切破坏模式的分类(见图 2.28)，由图 2.27 可知，在不同细粒含量时尾砂的应力路径均属于完全软化-剪缩模式，且不同细粒含量的应力路径也有明显差异。

2.4.2.2 细粒含量对颗粒破碎的影响

在高应力环境下，土颗粒可发生破碎。土颗粒破碎时，土颗粒的强度主要由摩擦力大小和颗粒破碎程度共同影响[49]。尾砂是人工砂土，微观上看有一定的棱角，比一般砂土颗粒更易破碎。为了研究不同细粒含量时尾砂颗粒破碎随围压变化的规律，对 6 组不同细粒含量的尾砂在 5 个不同围压下进行了不排水剪切试验。为了更直观地反映细粒含量与颗粒破碎程度间的关系，采用 Marsal[50] 的"多粒径指标"法对试验数据进行分析，尾砂颗粒破碎程度 B_g 与围压的关系如图 2.29 所示，可见颗粒的破碎程度随着围压的增大而增大，随着细粒含量的增加而减少。各细粒含量时颗粒的破碎程度与围压拟合结果见表 2.9，可知颗粒的破碎程度与围压间大体成幂函数型增长关系。

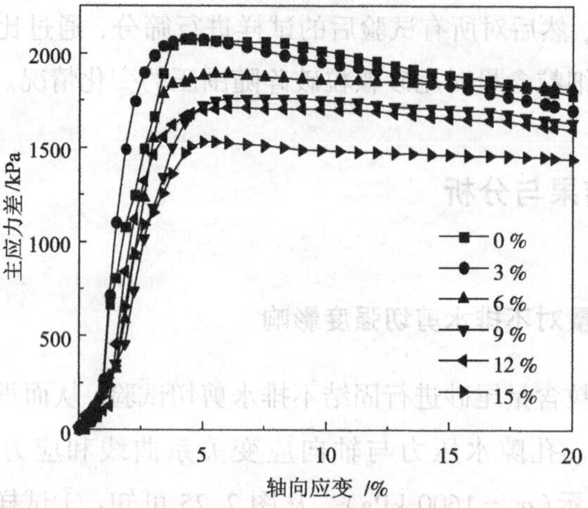

图 2.25　不同细粒含量时主应力差与轴向应变关系曲线(σ_3 = 1600 kPa)

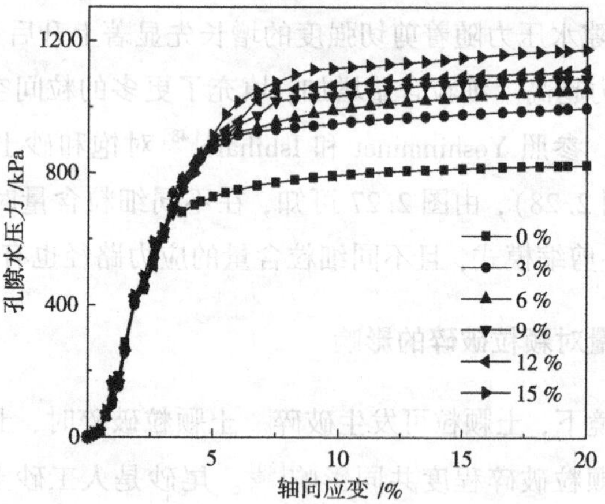

图 2.26　不同细粒含量时孔隙水压力与轴向应变关系曲线(σ_3 = 1600 kPa)

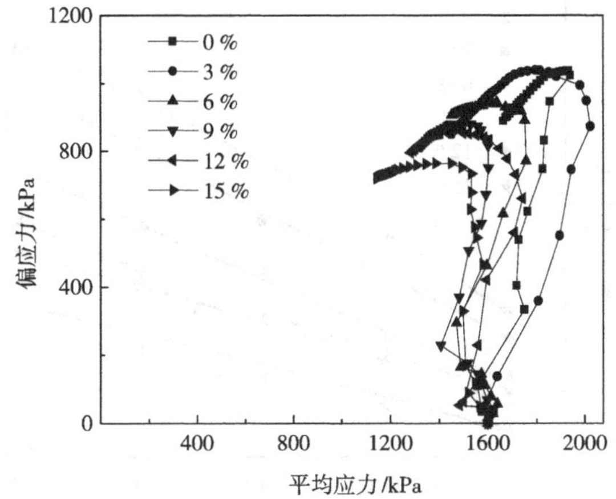

图 2.27　不同细粒含量时应力路径曲线(σ_3=1600 kPa)

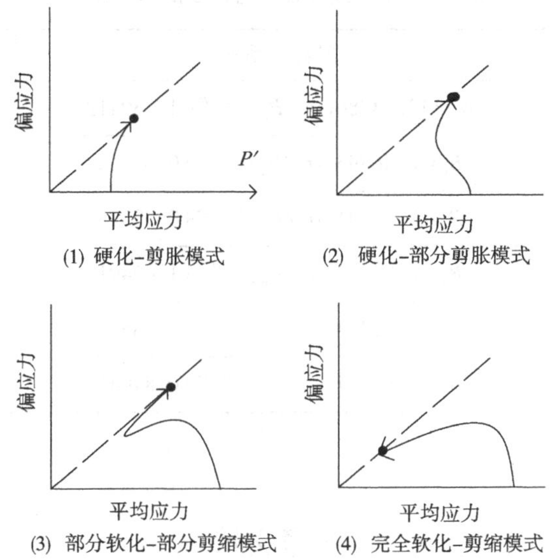

图 2.28　饱和砂土不排水剪切破坏模式

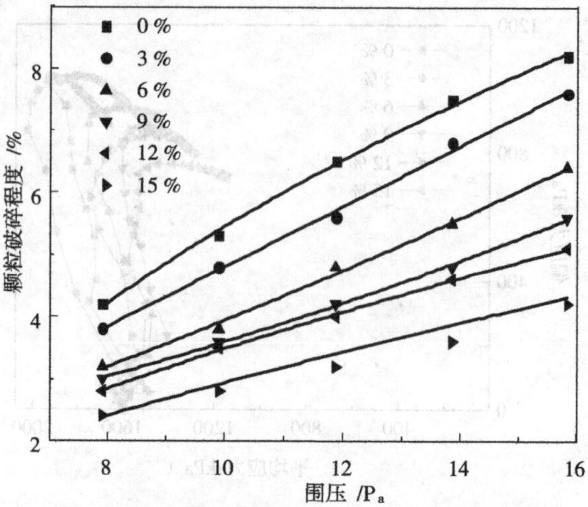

图 2.29　不同细粒含量时颗粒破碎程度与围压的关系(Pa 为大气压)

表 2.9　颗粒破碎程度与围压的拟合结果

细粒含量/%	拟合关系式	相关系数 R^2
0	$B_g=12.74286(\sigma_3/P_a)^{0.25198}-17.30412$	0.99542
3	$B_g=0.46895(\sigma_3/P_a)^{1.00965}+0.01260$	0.99308
6	$B_g=0.14194(\sigma_3/P_a)^{1.31768}+0.99525$	0.99268
9	$B_g=0.05693(\sigma_3/P_a)^{1.53112}+1.66491$	0.99760
12	$B_g=1.62493(\sigma_3/P_a)^{0.54301}-2.18547$	0.99747
15	$B_g=0.80237(\sigma_3/P_a)^{0.67334}-0.84042$	0.99878

注：P_a 为大气压。

参考文献

[1] 徐宏达. 我国尾矿库病害事故统计分析[J]. 工业建筑, 2001, 31(1): 69-71.

[2] 阮元成, 郭新. 饱和尾矿料静、动强度特性的试验研究[J]. 水利学报, 2004, 35(1): 67-73.

[3] 张超, 杨春和, 白世伟. 尾矿料的动力特性试验研究[J]. 岩土力学, 2006, 27(1):

35-40.
[4] 陈春霖，张慧明. 饱和砂土三轴试验中的若干问题[J]. 岩土工程学报，2000，22(6)：659-663.
[5] 朱建群，孔令伟，高文华，等. 南京砂的稳态特征研究[J]. 岩土工程学报，2012，34(5)：931-935.
[6] Castro G. Liquefaction of sands [D]. Boston：Harvard University，1969.
[7] Castro G，Poulos S J. Factors affecting liquefaction and cyclic mobility [J]. Journal of Geotechnical Engineering Division，1977，103(6)：501-516.
[8] Poulos S J. The steady state of deformation [J]. Journal of Geotechnical Engineering Division，1981，107(5)：553-562.
[9] Poulos S J，Castro G，France J W. Liquefaction evaluation procedure [J]. Journal of Geotechnical Engineering Division，1985，111(6)：772-792.
[10] 余湘娟，姜朴，魏松. 砂土的稳态强度试验研究[J]. 河海大学学报，2001，29(1)：50-54.
[11] 魏松，朱俊高，王俊杰，等. 砂土的稳态强度固结不排水三轴试验研究[J]. 岩石力学与工程学报，2005，24(22)：4151-4157.
[12] 杨振茂，赵成刚，王兰民，等. 饱和黄土的液化特性与稳态强度[J]. 岩石力学与工程学报，2004，23(22)：3853-3860.
[13] 周永习，张得煊，罗春泳，等. 饱和黄土稳态强度特性的试验研究[J]. 岩土力学，2010，31(5)：1486-1490.
[14] 刘红军，吕文芳，杨俊杰，等. 黄河三角洲粉质土初始干密度和黏粒含量对稳态强度的影响研究[J]. 岩土工程学报，2009，31(8)：1287-1290.
[15] 陈文昭，董冠颖，李鑫，等. 酸化条件下尾矿砂稳态强度特性研究. 中国钼业，2023，47(2)：50-55.
[16] 尹光志，张千贵，魏作安，等. 尾矿细微观力学与变形观测试验装置的研制与应用[J]. 岩石力学与工程学报，2011，30(5)：926-934.
[17] Ishihara K. Liquefaction and flow failure during earthquakes[J]. Geotechnique，1993，43(3)：351-415.
[18] 南京水利科学研究院. 土工试验规程(SL 237—99)[S]. 北京：中国水利水电出版社，1999.
[19] 侯龙清，陈松，陈革，等. 板桥学校液化带工程地质条件及液化土层特性[J]. 水文地质工程地质，2012，39(1)：102-106.
[20] 蒋明镜，郑敏，刘芳，等. 颗粒级配对火山灰力学特性影响的试验研究[J]. 扬州大学学

报(自然科学版), 2010, 13(1): 57-60.

[21] 衡朝阳, 裘以惠. 颗粒级配对含蒙脱石砂土抗液化性能的影响[J]. 中国矿业大学学报, 2002, 31(2): 138-141.

[22] 刘飞禹, 林旭, 王军. 砂土颗粒级配对筋土界面抗剪特性的影响[J], 岩石力学与工程学报, 2013, 32(12): 2575-2582.

[23] Esma M K, Mourad M, Nabil A. Contribution of Particles Size Ranges to Sand Friction [J]. Engineering, Technology & Applied Science Research, 2013, 3(4): 497-501.

[24] Mohammad S P, Ali S M. Effect of Sand Gradation on The Behavior of Sand-Clay Mixtures [J]. International Journal of GEOMATE, 2012, 3(1-2): 325-331.

[25] 甘霖, 袁光国. 大型高压三轴试验测试及粗粒土的强度特性[J]. 大坝观测与土工测试, 1997, 21(3): 9-12.

[26] 赵成刚, 尤昌龙. 饱和砂土液化与稳态强度[J]. 土木工程学报, 2001, 34(3): 90-95.

[27] 杨凯, 吕淑然, 张媛媛. 尾矿坝中尾砂的强度特性试验研究[J]. 金属矿山, 2014, (2): 166-170.

[28] 王凤江. 上游法高尾矿坝的抗震问题[J]. 冶金矿山设计与建设, 2001, 33(5): 10-13.

[29] 赵光思, 周国庆, 朱锋盼, 等. 颗粒破碎影响砂直剪强度的试验研究[J]. 中国矿业大学学报, 2008, 37(3): 291-294.

[30] 殷家瑜, 赖安宁, 姜朴. 高压力下尾矿砂的强度与变形特性[J]. 岩土工程学报, 1980, 2(2): 1-10.

[31] 刘海明, 杨春和, 张超, 等. 高压下尾矿材料幂函数型莫尔强度特性研究[J]. 岩土力学, 2012, 33(7): 1986-1992.

[32] Miura N, Yamanouchi T. Effect of water on the behavior of a quartz-rich sand under high stresses[J]. Soils and Foundations, 1975, 15(4): 23-34.

[33] 杨春和, 张超, 马昌坤, 等. 高应力条件下尾矿破碎特性及坝体稳定性研究. 中国安全生产科学技术, 2022, 18(2): 20-26.

[34] Charles J A, Watts K S. The influence of confining pressure on the shear strength of compacted rockfill[J]. Geotechnique, 1980, 30(4): 353-367.

[35] Lee Y H. Strength and deformation characteristics of rockfill[D]. Bangkok: Asian Institute of Technology, 1986.

[36] Duncan J M, Chang C Y. Nonlinear analysis of stress and strain in soils[J]. Journal of the Soil Mechanics and Foundations Division, 1970, 96(5): 1629-1653.

[37] 石祥超, 孟英峰, 李皋. 几种岩石强度准则的对比分析[J]. 岩土力学, 2011, 32(A1): 209-216.

[38] 李新平，赵航，肖桃李. 锦屏大理岩卸荷本构模型与数值模拟研究[J]. 岩土力学，2012，33(2)：401-407.

[39] 卢晓春，田斌，孙开畅. 考虑强度参数非线性的粗粒料坝坡稳定性[J]. 武汉大学学报(工学版)，2014，47(1)：34-38.

[40] 汪斌，朱杰兵，邬爱清，等. 高应力下岩石非线性强度特性的试验验证[J]. 岩石力学与工程学报，2010，28(3)：542-548.

[41] 乔兰，屈春来，崔明. 细粒含量对尾矿工程性质影响分析[J]. 岩土力学，2015(4)：923-927.

[42] Polito C P, Martin J R. Effects of nonplastic fines on the liquefaction resistance of sands [J]. Journal of Geotechnical and Geoenvironmental Engineering, 2001, 127(5): 408-415.

[43] Mehmet M M, Jerry A Y. Influence of silt size and content on liquefaction behavior of sands [J]. Canadian Geotechnical Journal, 2011, 48(6): 931-942.

[44] 刘雪珠，陈国兴. 粘粒含量对南京粉细砂液化影响的试验研究[J]. 地震工程与工程振动，2003，23(6)：150-155.

[45] 石杰，熊杨，樊殷莉，等. 粗细粒混合土力学特性研究[J]. 西北水电，2013(1)：104-107.

[46] 张超，杨春和. 细粒含量对尾矿材料液化特性的影响[J]. 岩土力学，2006，27(7)：1133-1142.

[47] 王勇，王艳丽. 细粒含量对饱和砂土动弹性模量与阻尼比的影响研究[J]. 岩土力学，2011，32(9)：2623-2628.

[48] Yoshimine M, Ishihara K. Flow potential of sand during liquefaction [J]. Soils and Foundations, 1998, 38(3): 189-198.

[49] 赵光思，周国庆，朱锋盼，等. 颗粒破碎影响砂直剪强度的试验研究[J]. 中国矿业大学学报，2008，37(3)：291-294.

[50] Marsal R J. Large scale testing of rockfill materials[J]. Journal of the Soils Mechanics and Foundations Division, ASCE, 1967, 93(2): 27-43.

第3章

尾矿坝地震破坏机制

迄今尾矿坝地震破坏机制研究成果较少见文献报道，尾矿坝抗震理论研究明显落后于工程实践，很大程度上限制了尾矿坝抗震新技术的工程应用。因此，有必要对尾矿坝地震破坏机制进行深入、系统的研究，为后续采取有效抗震对策提供支持，达到改善坝体的结构和力学性能，从而提高坝体的抗震能力。

3.1 地震时稳定性

假设坝体的潜在滑面平行于坡面，地下水位面也平行于坝坡，见图3.1。在坝坡上取任意单位自由体，自由体上受力均相同，且两侧面之作用力大小相等方向相反。那么静力状态时潜在滑面上的正应力 σ_0、剪应力 τ_0、孔隙水压力 u_0、有效正应力 σ_0' 和初始孔压比 r_u 分别为

$$\left.\begin{aligned} &\sigma_0=\gamma H\cos^2\alpha,\ \tau_0=\gamma H\sin\alpha\cos\alpha \\ &u_0=\gamma_w H_w\cos^2\alpha,\ \sigma_0'=\gamma H\cos^2\alpha(1-r_u) \\ &r_u=\frac{H_w\gamma_w}{H\gamma} \end{aligned}\right\} \tag{3.1}$$

式中：H 为潜在滑面至坡面的距离；H_w 为地下水位至潜在滑面的距离；γ_w 和 γ 分别为水和尾矿的容重；α 为坝坡角。

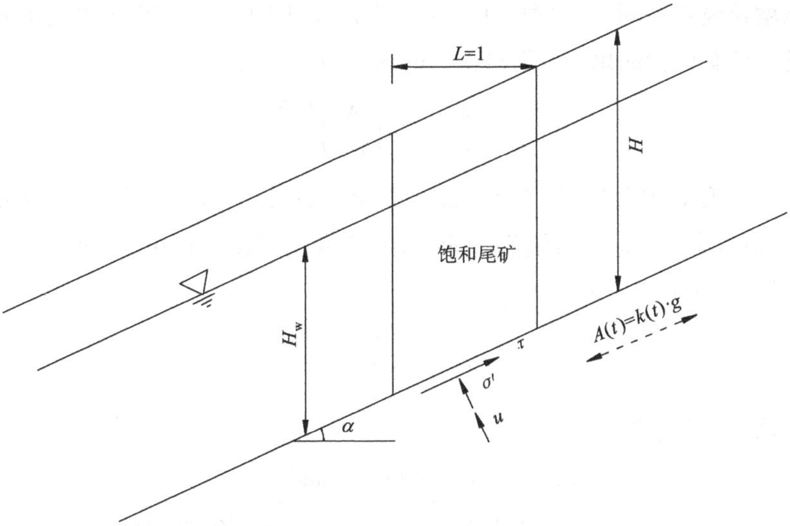

图 3.1　尾矿坝外坡简图

根据摩尔库仑准则，坝体静力安全系数为

$$F_s=\frac{\tan\varphi'}{\tan\alpha}(1-r_u)+\frac{c_e}{\sin\alpha\cos^2\alpha} \tag{3.2}$$

式中：$c_e=c'/\gamma H$；φ'、c'分别为尾矿的有效内摩擦角和黏聚力。可见初始孔压比越高，尾矿坝静力安全系数越小。即当饱和区域足够大，尾矿密实度较小时，静力条件下坝体也可能迅速进入破坏状态而发生流滑[1]。

地震时，尾矿坝主要受到两个方面的影响：一是由于孔隙水压力的不断累积而导致抗剪强度的降低；二是坝体的惯性效应[2-3]。如图 3.1 所示，假定地震加速度方向平行于滑面，只考虑地震力对稳定不利状态，那么 t 时刻滑面上的正应力 $\sigma(t)$、动剪应力 $\tau_d(t)$、剪应力 $\tau(t)$、孔隙水压力 $u(t)$ 和有效正应力 $\sigma'(t)$ 分别为

$$\left.\begin{aligned}
&\sigma(t)=\sigma_d=\gamma H\cos^2\alpha\\
&\tau_d(t)=k(t)\gamma H\cos\alpha\\
&\tau(t)=\tau_0+\tau_d=\gamma H\cos\alpha[\sin\alpha+k(t)]\\
&u(t)=u_0+u_d(t)\\
&\sigma'(t)=\sigma'_d=\sigma(t)-u(t)
\end{aligned}\right\} \tag{3.3}$$

式中：$k(t)$ 为地震系数。t 时刻的动孔隙水压力为 $u_d(t)$。有学者认为饱和尾矿

的孔压增长模式不同于一般砂土，于是提出了不同的孔压增长曲线形式[4-6]。本书基于已有试验成果，采用修正后的 Seed 曲线[5]，即

$$\frac{u_d}{u_1}=\frac{4}{\pi}\arcsin\left(\frac{N}{2N_1}\right)^{1/(2\theta)} \tag{3.4}$$

式中：u_1 取有效围压的 0.75 倍，即为液化时最大动孔隙水压力；N_1 为破坏振次；θ 为试验参数，动应力幅值、固结围压变化对其影响很小，可近似地取值为 1.1。引入动孔隙水压力比

$$U_d(t)=\frac{u_d(t)}{\sigma_0'} \tag{3.5}$$

则坝体地震安全系数为

$$F_d(t)=\frac{\{\cos\alpha(1-r_u)[1-U_d(t)]\}\tan\varphi'}{\sin\alpha+k(t)}+\frac{c_e}{\cos^2\alpha[\sin\alpha+k(t)]} \tag{3.6}$$

式(3.6)表明，尾矿坝地震安全系数的降低除了受初始水压力状态、坡角、地震系数的影响外，还依赖于动孔隙水压力比的改变。

地震期间坝体的屈服地震系数 k_y 应与坝体的初始状态和随时间累积的孔隙水压力有关。令 $F_d=1.0$ 可得

$$k_y(t)=\cos\alpha(1-r_u)\tan\varphi'[1-U_d(t)]-\sin\alpha+\frac{c_e}{\cos^2\alpha} \tag{3.7}$$

若令式(3.6)和式(3.7)中 $U_d=0$，可得传统的拟静力安全系数及屈服地震系数

$$F_d^0(t)=\frac{\cos\alpha(1-r_u)\tan\varphi'}{\sin\alpha+k_{max}\frac{c_e}{\cos^2\alpha[\sin\alpha+k_{max}]}} \tag{3.8}$$

$$k_{y0}=\cos\alpha(1-r_u)\tan\varphi'-\sin\alpha+\frac{c_e}{\cos^2\alpha} \tag{3.9}$$

式中：k_{max} 为最大地震系数。

3.2 地震结束时稳定性

地震刚停止时，由于坝体体积很大，尾矿颗粒较细，渗透性较小，且排水

路径较长，动孔隙水压力来不及消散，此时尾矿坝的安全系数为

$$F_{ps}(t)=\frac{\{\cos\alpha(1-r_u)[1-U_d(N_e)]\}\tan\varphi'}{\sin\alpha}+\frac{c_e}{\cos^2\alpha\sin\alpha} \tag{3.10}$$

式中：N_e 为地震等效振次。随着地震强度的增大、动孔隙水压力的增加，震后安全系数有一定减小。

图 3.2 表示用式(3.10)计算的某尾矿坝($\varphi'=35°$，$\alpha=30°$，$r_u=0.3$，$c_e=0.3$，$N_1=20$)在等效振次 $N_e=5$ 和 15(相当于震级 $M=6$ 和 7.5[7])时震后安全系数的折减率的情况。可以看出，当其他条件相同时，震级越高，震后安全系数下降越多。另外初始孔隙水压力条件对震后安全系数的下降也存在一定影响。

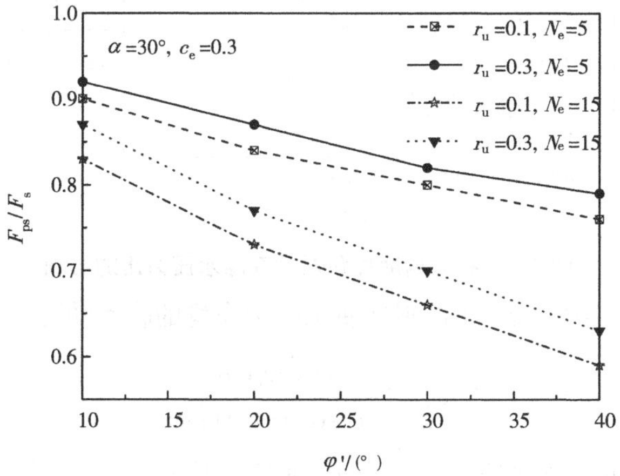

图 3.2　地震等效振次对震后安全系数的影响

3.3　坝体破坏模式判断

地震中动孔隙水压力的增长使得尾矿有效应力降低，最终导致坝体破坏，因此，可以认为动孔隙水压力的增大对尾矿坝地震破坏起着至关重要的作用[8]。由式(3.7)可得，在不同屈服地震系数条件下，动孔隙水压力比的计算式为

$$U_d=1-\frac{k_y+\sin\alpha-c_e\cos^{-2}\alpha}{\cos\alpha(1-r_u)\tan\varphi'} \tag{3.11}$$

图 3.3 表示在不同初始孔隙水压力比条件下，动孔隙水压力比随着尾矿有效内摩擦角正切值增大的发展情况。每条曲线将二维图分成 2 个区域：曲线以上区域说明动孔隙水压力超过诱发液化流滑的孔隙水压力；曲线以下区域说明动孔隙水压力尚未发展到足以使尾矿坝破坏的程度。另外所有曲线在较小的 $\tan\varphi'$时都较陡，意味着有效内摩擦角φ'越小，动孔隙水压力发展速率越高，对地震敏感性越强。

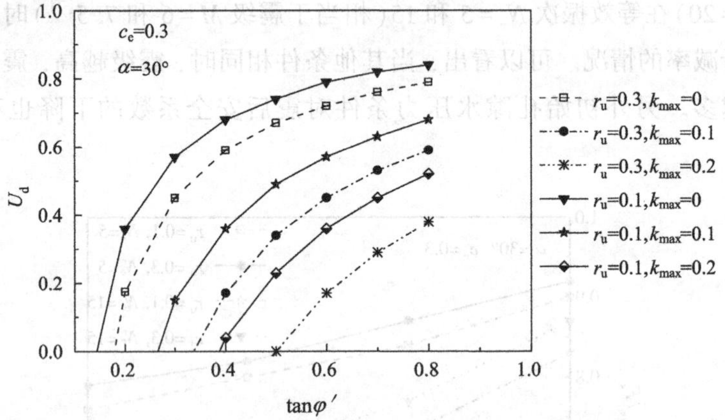

图 3.3　有效内摩擦角对动孔隙水压力比的影响

令式(3.11)中$k_y=0$，获得刚好使尾矿坝失稳的临界动孔隙水压力比

$$U_{df}=1-\frac{\sin\alpha-c_e\cos^{-2}\alpha}{\cos\alpha(1-r_u)\tan\varphi'} \tag{3.12}$$

根据饱和尾矿初始液化条件，即 u_d 达到有效围压的 75%[4-5]，令式(3.12)中 $U_{df}=0.75$ 可得有效内摩擦角的临界值

$$\varphi'_{cr}=\arctan\left\{\frac{4[\sin\alpha-c_e\cos^{-2}\alpha]}{\cos\alpha(1-r_u)}\right\} \tag{3.13}$$

即在震级足够大时，当$\varphi'\geqslant\varphi'_{cr}$，尾矿坝将因液化而发生流动，称之为流动型破坏。坝体的建设期和服务期相同，不同时期产出的尾矿的物理力学性质随着矿石和选矿工艺、上覆重力的改变而变化。在地震荷载作用下，坝体中各区域的孔隙水压力发展存在不同步，液化总是从局部开始的，在液化和非液化土体间不断进行着应力和变形的交换，土体强度逐渐降低，变形增大。当变形量达到坝体流动条件时，液化尾矿呈现流动状态，形成流动结构，发生流动型破坏。笔者在文献[9]中针对尾矿坝的 4 种地震液化流动破坏模式进行了探讨。

当 $\varphi'<\varphi'_{cr}$，尾矿坝将在地震液化前整体滑移而失稳，称之为滑动型破坏。在强震的作用下，坝体沿着内部软弱界面整体滑动。由于滑体前沿具备较好的临空条件，且具有较大势能，在地震作用下，前沿首先发生滑动，然后牵引中后部滑体逐次发生滑动。滑动型破坏一般规模大，滑速快，运动过程中因滑速、滑向不一致易出现明显分级现象，但运动的整体性较好，当向下游的滑动受阻后，尾矿便停滞堆积下来[10]。

3.4　坝体工作状态分析

图 3.4 表示地震等效振次对坝体屈服地震系数的影响，间接反映了动孔隙水压力对坝体稳定性的影响。可见随着等效振次的增加，坝体屈服地震系数越来越小。类似于动孔隙水压力比曲线，下端很陡，说明在较小的 $\tan\varphi'$时，屈服地震系数受到动孔隙水压力较大的影响。对于图中虚线，当$k_y/k_{y0}\leqslant 0$ 时表示坝体因抗剪强度衰减过多，发生失稳破坏；当$k_y/k_{y0}>0$ 时，永久变形程度不断增加。对于图中实线，当$k_{max}/k_{y0}\geqslant 1$ 表示即使不考虑强度的衰减，坝体也可能会因惯性效应产生永久变形；当$k_{max}/k_{y0}<1$ 表示坝体可能会因强度的衰减而产生永久变形，或者保持稳定。当给定等效振次和最大屈服地震系数时，可以将图 3.4 划分为 4 个区域[2-3]，对尾矿坝的工作状态加以区别，即①破坏，②惯性效应和强度衰减，③强度衰减，④稳定，见图 3.5。

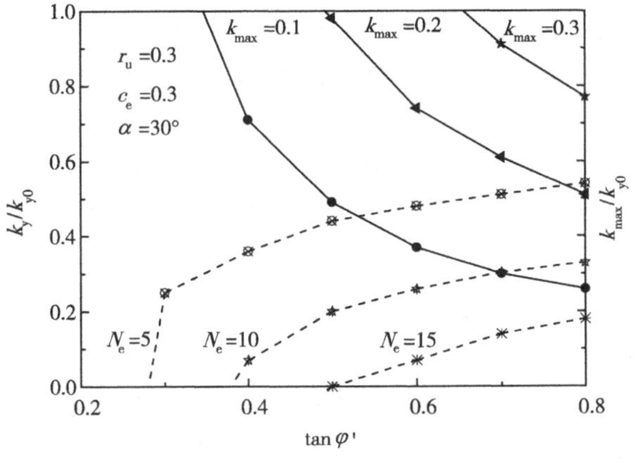

图 3.4　等效振次对坝体屈服地震系数的影响

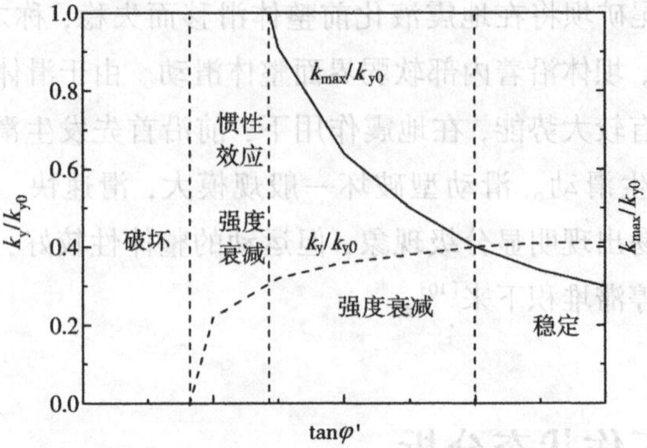

图 3.5　地震作用下尾矿坝工作状态

参考文献

[1] 阮元成，郭新. 饱和尾矿料静、动强度特性的试验研究[J]. 水利学报，2004，35(1)：67-73.

[2] Biondi G，Cascone E，Maugeri M. Flow and deformation failure of sandy slopes[J]. Soil Dynamics and Earthquake Engineering，2002，22：1103-1114.

[3] 刘忠玉，慕青松. 饱和黄土边坡的动力失稳机制研究[J]. 岩土工程学报，2005，27(9)：1016-1020.

[4] 陈敬松，张家生，孙希望. 饱和尾矿砂动强度特性试验结果与分析[J]. 水利学报，2006，37(5)：603-607.

[5] 陈存礼，何军芳，胡再强，等. 动荷作用下饱和尾矿砂的孔压和残余应变演化特性[J]. 岩石力学与工程学报，2006，25(s2)：4034-4039.

[6] 张超，杨春和，白世伟. 尾矿料的动力特性试验研究[J]. 岩土力学，2006，27(1)：35-40.

[7] 中华人民共和国冶金工业部. 构筑物抗震设计规范(GB 50191—93)[S]. 1995.

[8] 柳厚祥，廖雪，李宁，等. 高尾矿坝的有效应力地震反应分析[J]. 振动与冲击，2008，27(1)：65-70.

[9] 潘建平，王笙屹，朱洪威. 尾矿坝液化流滑破坏模型与稳定措施研究[J]. 金属矿山，2011(4)：134-136.

[10] 李秀珍，孔纪名. “5. 12”汶川地震诱发典型滑坡的类型和特征[J]. 山地学报，2011，29(5)：598-607.

第 4 章
尾矿坝地震液化与稳定性评价

有些尾矿坝的失稳破坏发生于地震停止以后，这说明尾矿坝地震后的稳定有时取决于是否发生液化，所以对尾矿坝的抗震设计应包括液化分析和稳定分析。尾矿堆积坝的液化分析，除了采用现场测试、室内试验测试方法外，还有采用数值计算分析方法[1]。数值计算分析方法根据尾矿料的应力应变关系和地震加速度时程曲线，可以较好地分析出坝体的初始静应力及动剪应力随地震动时程的变化过程。但该方法计算参数较多且不易获取、复杂而又费时，对于一般工程技术人员不易掌握应用。尾矿坝液化判别简化法，国内有学者做了一些研究。如文献[2]根据试验结果给出尾矿抗液化应力比计算式；文献[3]采用振型组合法计算地震作用应力；文献[4，5]给出了尾矿坝坝顶加速度放大倍数的经验值和距坝顶不同距离的应力折减系数，用试验测定尾矿抗液化应力比。总结已有研究可知，这些方法主要缺点是考虑的因素较多，计算过程相对烦琐，尾矿坝坝体结构参数的影响在有些方法中没有得到考虑。尾矿坝地震稳定分析一般采用传统的拟静力法，但该方法忽略超孔隙水压力的存在，而地震液化变形可能导致坝体破坏，因此，尾矿坝地震稳定分析有必要考虑超孔隙水压力的影响。文献[3]给出了超孔隙水压力的简化计算法，但此方法计算烦琐。本章在分析《构筑物抗震设计规范(GB 50191—93)》[6]（以下简称《构规 93》）中关于尾矿坝抗震设计方法的基础上，尝试对原方法进行改进：通过大量的数值计算分析，建立新的液化判别式；根据砂土的超孔隙水压力比与抗液化安全系数的关系建立超孔隙水压力简化计算式，并将其应用到尾矿坝地震稳定分析中。减少坝体饱和区的主要措施是保持尾矿库具有较长干滩，并确保初期坝排水设施正常工作，因此，对不同水位线和初期坝排水工况下的尾矿坝进行地震液化稳定对比分析是很有意义的工作。本章以某上游式尾矿坝为例，用本书所提出的简化法对初期坝正常排水的滩长分别为 200 m、130 m 和 70 m 的情况，以及对初期坝由于细粒尾矿堵塞导致排水设施失效的滩长为 130 m 的情况进行地震液化和稳定分析，研究尾矿坝滩长的变化及初期坝排水功能的有效性对坝体地震液化稳定的影响。

4.1 砂土液化机理

液化是指物质由固体状态转变为液体状态的行为和过程[7]。从力学行为来看，物质固体状态和液体状态的本质区别在于物质在固体状态具有抗剪强度，而在液体状态则不具有抗剪强度。土是一种压硬性材料，其剪切模量和强度都与有效应力有关，因此，土由固体状态向液体状态的转变是孔隙水压力增大、有效应力减小的结果。液化问题一般是针对无黏性土而言的。黏性土因其具有黏聚强度，即使有效应力减小到零，也具有一定的抗剪强度，不能达到完全的液体状态。砂土是最常见的无黏性土，液化问题大多也以饱和或接近饱和的砂土为研究对象。对土体的液化稳定问题作定量的分析研究时，业界存在两种明显不同的观点[8, 9]。

一种观点从液化的应力状态出发，强调液化标志着土的法向有效应力等于零，土不具有任何抵抗剪切的能力。在土的动荷作用下在任何一个瞬间开始出现这种应力状态时，即可认为土达到了初始液化状态。此后，在往返荷载的持续作用下，将会轮番出现初始液化状态，表现出土的往返活动性，使土的动变形逐渐累积，最后出现土的整体强度破坏或超过实际容许值的变形失稳。这种过程，均需要有初始液化状态的出现，否则将不会有液化破坏的威胁。从这一观点出发，液化研究将着重于确定饱和砂土达到初始液化的可能性及其范围，同时视初始液化的点或范围内的土具有零值强度或刚度，来分析土体的应力、应变及稳定性。这种观点以 Seed 等[8]为代表。

另一种观点认为，工程结构的破坏，归根结底表现为过量的位移、变形或应变，而不完全取决于应力条件，液化不在于必须达到初始液化的应力条件。

在很多情况下，即使土体中并没有达到初始液化状态，但土体由于结构破坏和孔压上升而引起的强度弱化，出现具有液化状态的流动破坏，就认为土体已经液化。在这种观点中，应用了 Casagrande 提出的临界孔隙比概念(临界孔隙比是指剪切过程中既无剪缩又无剪胀的孔隙比)，将土分为剪缩性土和剪胀性土，并提出了稳态变形和稳态强度理论的概念。所谓稳态变形是指在一定常有效法向应力和一定常剪应力作用下产生的常体积连续变形和常速率连续变化的状态(即流动性变形)，此时的剪应力即为稳态强度。流动破坏只发生在剪缩性土中，由于剪缩性土在剪切过程中必将出现不断的剪缩，使土中的孔隙水压力持续升高，土的抗剪强度会迅速降低到稳态强度。故破坏一经开始，土就必然带有流动特征，表现为液化流动破坏。Casagrande 在固结不排水三轴试验中采用定荷加载(dead-load-increments)方式，在试验室内观察到了“流动结构”的现象，由于具体的条件不同，这种流动破坏具有不同的形态。这种观点持有者以 Castro、Robertson 等[9, 10]为代表。

对于砂土液化机理的认识，普遍认为主要有以下三种[11-13]。

1. 砂沸(sand boil)

当一个饱和砂土体中的孔隙水压力由于地下水头变化而上升到等于或超过它的上覆压力时，该饱和砂土体就会发生上浮或“沸腾”现象，并且完全丧失承载能力，这种现象叫砂沸。该现象与砂的密实程度和体积应变无关，而是由渗透压力引起的渗透不稳定现象，而渗透压力与土中的孔隙水压力分布有关。这种孔隙水压力场的变化可以是由非动力作用渗流场改变所造成的(如地下水位上升)，也可以是由动力作用(如地震)间接或直接引起孔隙水压力上升所造成的。出现砂沸的条件并不涉及上覆砂层的体积应变特性(剪胀或剪缩)。

2. 流滑(flow slide)

流滑是饱和砂土的颗粒骨架在单程剪切作用下，呈现出不可逆的体积压缩，在不排水条件下，引起孔隙水压力增大和有效应力减小，最后导致饱和砂土“无限度”地流动变形。饱和砂土在流滑时的孔隙水压力趋近于周围压力 σ_3，但仍略小于 σ_3，这表明饱和砂土中仍存在一定有效法向压力和残余抗剪强度，后者与砂土中的剪应力取得平衡。流滑现象在循环剪切作用中也能产生。

3. 循环活动性(cyclic mobility)

循环活动性曾被发现于相对密度较大(中密以上到紧密)的饱和无黏性土的固结不排水循环三轴或循环单剪和循环扭剪试验中。但仅在循环周期中的某些时刻(瞬间)可以得到 $u=\sigma_3$。加载前期的累积剪缩(孔隙水压力上升)和后期的加载剪胀和卸载剪缩交替作用，造成饱和砂土在剪切作用下出现循环活动性。循环活动性的物理机制是比较复杂的，从宏观来看，可认为与试件在循环作用中的剪缩和剪胀交替变化有关，从而形成了间歇性瞬态液化和有限度继续变形的格局。而对于只有剪缩而无剪胀的饱和松砂则不会出现循环活动性，只能出现流滑。

流滑和循环活动性分别是从力和位移的角度来分析液化问题的。上面三种机理并不相同，但是土体发生液化的演变规律都具有相同的本质。对于单元土体而言，其基本原理都与孔压紧密联系。在地震和振动条件下，液化机理的本质是在无黏性土体或少黏性土体受振动作用时，松散的土层就会被振动密实，体积减小。如果不排水，孔隙水压力就会增高。无论是孔压在某个时间点还是某个时间段接近或是达到围压，它都会发生流滑或是出现循环活动性。根据有效应力原理有

$$\sigma'=\sigma-u \tag{4.1}$$

式中：σ'为有效应力；σ 为上覆总应力；u 为超孔隙水压力。

根据库仑定律

$$\tau_f=c'+\sigma'\tan\varphi'=c'+(\sigma-u)\tan\varphi' \tag{4.2}$$

当无黏性土层内的超孔隙水压力升高到上覆压力时，有

$$u=\sigma \tag{4.3}$$

故抗剪强度

$$\tau_f=c' \tag{4.4}$$

而对于砂土或无黏性土，则可认为 $c'=0$，则有

$$\tau_f=0 \tag{4.5}$$

因此，可以认为此时已经发生液化。

4.2　砂土液化影响因素

砂土液化是一种相当复杂的现象，它的产生、发展和消散主要由土的物理性质、受力状态和边界条件所制约。影响因素概括起来主要有[14-16]：

(1)动荷条件。主要指动荷载的频率、波型、振幅、持续时间等。

(2)埋藏条件。主要指上覆土层厚度、应力历史、砂土的渗透系数、排渗路径、排渗边界条件、地下水位等。

(3)土性条件。主要指土的颗粒组成、颗粒形状、土的密度、胶结状况、颗粒排列状况等。

4.3　砂土液化评价方法

4.3.1　剪应力法

剪应力法是目前工程实践中最广泛采用的液化评价方法。该法由 Seed 和 Idriss[17]提出的简化方法发展而来。它以地震在土层中引起的等效循环应力比(表示为 *CSR*)来表征动力作用的大小，以一定振次下达到液化时所需要的抗液化应力比(表示为 *CRR*)来表征土抵抗液化的能力。

地震在土层中引起的等效循环应力比可由动力反应分析得到，也可采用 Seed 和 Idriss 推荐的简化公式计算

$$CSR=\left(\frac{\tau_{av}}{\sigma'_v}\right)\approx 0.65\left(\frac{a_m}{g}\right)\left(\frac{\sigma_v}{\sigma'_v}\right)r_d \tag{4.6}$$

式中：*CSR* 为等效循环应力比；a_m 为地表水平加速度峰值(g)；g 为重力加速度；τ_{av} 为地震产生的平均循环剪应力；r_d 为应力折减系数；σ'_v为上覆有效应力；σ_v 为上覆总应力。美国地震工程研究中心(NCEER)建议

$$r_d=1.0-0.00765z,\ z\leqslant 9.15\ \text{m}$$

$$r_d=1.174-0.267z,\ 9.15\ \text{m}<z\leqslant 23.0\ \text{m}$$

$$r_d = 0.744 - 0.008z,\ 23.0\ \text{m} < z \leqslant 30.0\ \text{m}$$

$$r_d = 0.5,\ z > 30.0\ \text{m} \tag{4.7}$$

式中：z 是应力计算点到地表的距离。

确定抗液化应力比 *CRR* 主要有两种方法：室内试验和震害调查[18]。研究表明土体的抗液化应力比不仅与土体的密度有关，而且受土层的结构性、应力历史和沉积年代效应等影响。基于室内重塑试样的试验只能用来确定人工填土(如土坝、堤防)的抗液化应力比，不能用来确定原位土的抗液化应力比。确定抗液化应力比的室内试验研究主要在于发展合理的能代表原位静动应力状态的试验装置和减少扰动的原位取样技术[19, 20]。由于原位取样困难且代价昂贵，只能对极少数工程应用，目前，主要通过震害调查确定土层的抗液化应力比。随着震害数据的不断累积，该方法的可靠性亦随之提高。现在已经建立了采用标准贯入击数$(N_1)_{60}$、圆锥触探贯入阻力 q_c、重型贯入试验击数 N_{BC}、剪切波速 V_S 等原位指标来确定抗液化应力比的经验图表。NCEER[21]专门召集了一个委员会全面总结砂土液化判别的进展，Seed 等[22]也曾就此方法撰写过详细的综述。

4.3.2 剪应变法

Dobry 等[23]提出可以通过对比循环剪应变来进行液化判别。该方法也需要确定两个量：地震引起的动剪应变 γ_e、液化的门槛剪应变 γ_{th}。抗液化安全系数可被定义为

$$F_L = \frac{\gamma_{th}}{\gamma_e} \tag{4.8}$$

地震在土层中引起的动剪应变 γ_e 可由下式确定

$$\gamma_e = 0.65\frac{a_m}{g}\sigma_v r_d / G_{max}\left(\frac{G}{G_{max}}\right)_{r_d} \tag{4.9}$$

式中：G_{max} 为小应变时的剪切模量；G/G_{max} 反映剪切模量随剪应变的衰减关系。因为 G/G_{max} 同时又是 γ_e 的函数，所以式(4.9)需迭代求解。

土的抗液化能力由门槛剪应变 γ_{th} 所代表，它被定义为引起残余孔压所需要的最小剪应变幅值。Dobry 等进行了一系列控制应变的不排水三轴试验，发

现门槛剪应变 γ_{th} 大约为0.01%，与试样的制备方法、相对密度、初始固结压力等无关。根据门槛剪应变的意义可知，当 $F_L>1$ 时，无液化发生；而当 $F_L\leq 1$ 时，并不能判断液化是否发生，它只是液化发生的必要条件。这和剪应力法不同，在剪应力法中，$F_L>1$ 表明液化不会发生，并不表明没有残余孔压产生。可见，用剪应变法判定液化产生的可能性比用剪应力法更为严格，对于实际工程问题有时甚至过于保守[18]。

4.3.3　能量法

能量法近年来发展较快，它通过对比地震过程中传播到场地的振动能量和土达到液化所需要的能量来判断土层是否液化。由于能量是标量，用能量作为对比指标对于复杂的应力条件有独特的优势[18]。Nemat-Nasser 和 Shokooh[24] 最早通过试验建立了土样中产生的超孔隙水压力和振动能量的关系，为采用能量来判断液化提供了试验依据。土达到振动液化所需要的能量称为土的抗液化能量，和抗液化应力比的确定一样，可通过历史震害调查建立它和土的原位指标(标准贯入击数、贯入阻力等)的经验关系。可见，能量法的关键在于建立合理度量场地振动能量的指标。

度量场地能量的方法主要有两类：基于 Gutenberg-Richter 能量的方法[25] 和基于 Arias 烈度的方法[26]。Gutenberg 和 Richter 提出的衡量地震总辐射能的关系为

$$E_0=10^{1.5M+1.8} \tag{4.10}$$

式中：E_0 为从震源辐射出的总能量(kJ)，M 为地震震级(里氏)。基于式(4.10)，再考虑振动波在传播过程中的衰减就可以得出场地的振动能量。Davis 和 Berrill[27, 28]，Law，Cao 和 He[29]，Trifunac[30] 都采用了该能量度量的方法。

Arias 提出度量场地振动强度的指标如式(4.11)所示：

$$I_h=\frac{\pi}{2g}\left[\int_0^T a_x^2(t)\,dt+\int_0^T a_y^2(t)\,dt\right] \tag{4.11}$$

式中：I_h 为土层顶部的地震运动的 Arias 烈度；$a_x(t)$ 为 x 向的水平加速度时程(m/s²)；$a_y(t)$ 为 y 向的水平加速度时程(m/s²)；g 为重力加速度；T 为地震持续时间。Egan 和 Rosidi[31]，Kayen 和 Mitchell[32]，Running[33] 提出的能量法都

采用了 Arias 烈度。

4.4 中日尾矿坝抗震设计规范的比较

4.4.1 构筑物抗震设计规范(GB 50191—93)介绍

4.4.1.1《构规 93》[6]基本思路

在《构规 93》出来前，修建尾矿坝或对现有尾矿坝的抗震分析一般参考《水工抗震设计规范》，但尾矿坝与一般土石坝有着很大差异。一是结构的不同，尾矿坝的上下游坡面是非对称的；二是筑坝材料的不同，尾矿坝主要是用尾矿(尾矿砂、尾矿泥)堆积而成的，而土石坝对筑坝材料和筑坝工艺都有很好的要求。《构规 93》规定了尾矿坝抗震计算的内容由液化评价和稳定分析组成。地震时尾矿坝可能发生流滑，表明其破坏机理是由于坝体中尾矿坝料和坝基中砂土液化引起的。液化分析在于确定尾矿坝是否具备发生流滑的条件，确定坝体和坝基的液化区。在坝体和坝基中都不存在液化区，则一般不会发生流滑；但如果存在液化区，也未必发生流滑。稳定分析则是确定坝体和坝基液化的超孔隙水压力区对其稳定性的影响，判别其发生流滑的可能性。

下面将根据已有的尾矿料试验数据分析给出计算抗液化应力比的计算式，并进行影响参数的修正；将一维土柱简化成均质剪切杆，采用振型组合法计算动剪应力，进而确定地震作用应力比。地震稳定分析按条分法计算滑动安全系数。

4.4.1.2 尾矿抗液化应力比的估算

土单元水平面上的静剪应力比按式(4.12)计算

$$\alpha_s = \left| \frac{\xi_s\left[2X_i + Y_i(\tan\theta_1 - \tan\theta_2)\right]}{(\tan\theta_1 - \tan\theta_2)X_i - 2Y_i\tan\theta_1\tan\theta_2} \right| \tag{4.12}$$

式中：ξ_s 为土的侧压力系数，$\xi_s = 1-\sin\varphi'$；X_i、Y_i 分别为土单元中心点到坝顶的横、纵坐标轴的距离，如图 4.1 所示；θ_1、θ_2 分别为下游坡、上游坡与纵坐标轴的夹角(°)；φ'为土的有效内摩擦角(°)。

坝体土单元抗液化应力比按式(4.13)计算。

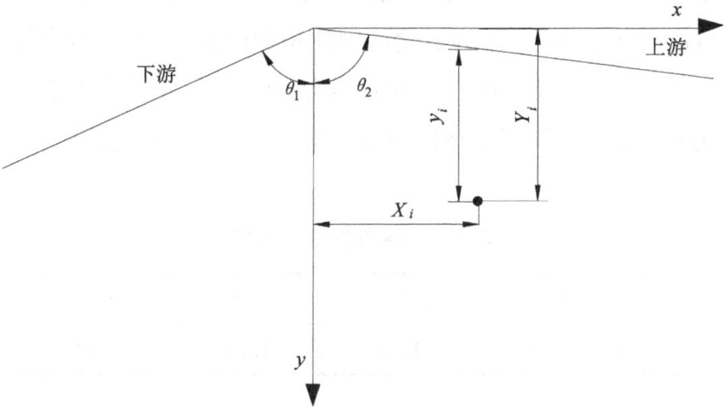

图 4.1　尾矿坝计算坐标系

$$\alpha_d=\frac{\sqrt{(1+\xi_s)^2-4\alpha_s^2}-(1-\xi_s)}{2\sqrt{K_c}}R_{kc} \tag{4.13}$$

$$K_c=1+2\alpha_{cs}\left(\alpha_{cs}+\sqrt{1+\alpha_{cs}^2}\right) \tag{4.14}$$

$$\alpha_{cs}=\frac{2\alpha_s}{\sqrt{(1+\xi_s)^2-4\alpha_s^2}} \tag{4.15}$$

$$R_{kc}=\lambda_p\lambda_d\lambda_{kc}R_{Ne} \tag{4.16}$$

$$d_{50}\geqslant 0.075\ \text{mm 的尾矿},\ \lambda_d=D_r/50 \tag{4.17}$$

$$d_{50}<0.075\ \text{mm 的尾矿},\ \lambda_d=1.0 \tag{4.18}$$

$$\lambda_{kc}=1+(1.75+0.8\lg d_{50})(K_c-1.0) \tag{4.19}$$

$$R_{Ne}=10^{\eta}N_e^{\delta} \tag{4.20}$$

$$\eta=2.08(1.48\lg R_{10}-\lg R_{30}) \tag{4.21}$$

$$\delta=2.08(\lg R_{30}-\lg R_{10}) \tag{4.22}$$

$$R_{10}=0.181\left[1+\left(\lg\frac{d_{50}}{0.04}\right)^2\right]^{0.526} \tag{4.23}$$

$$R_{30}=0.154\left[1+\left(\lg\frac{d_{50}}{0.04}\right)^2\right]^{0.455} \tag{4.24}$$

式中：α_d 为坝体中饱和尾矿砂土、粉土单元的抗液化应力比；K_c 为转换固结比；R_{kc} 为固结比等于转换固结比时的三轴试验液化应力比；α_{cs} 为转换剪应力比；λ_p 为填筑期修正系数，可按表4.1确定；λ_d 为密度修正系数；λ_{kc} 为固结比修正系数；R_{Ne} 为固结比等于1.0时的三轴试验液化应力比；N_e 为地震等价作用次数，可按表4.2确定；η 为液化应力比系数的指数；δ 为地震等价作用次数的指数；R_{10}、R_{30} 为地震等价作用次数分别为10、30且固结比等于1.0时的三轴试验液化应力比；D_r 为尾矿土的相对密度(%)；d_{50} 为尾矿土的平均粒径(mm)。

表4.1 填筑期修正系数

填筑期	10天	100天	1年	10年	100年
填筑期修正系数	1.08	1.24	1.31	1.41	1.47

表4.2 地震等价作用次数

震级(里氏)	6.00	6.75	7.50	8.50
地震等价作用次数 N_e	5	10	15	26

4.4.1.3 地震反应分析

土柱第 i 段中心点的最大剪变模量为

$$G_{mi}=32.00\times\frac{(2.97-e_i)^2}{1+e_i}\left(\frac{\sigma_{0i}}{9.81\times10^4}\right)^{0.5} \tag{4.25}$$

$$\sigma_{0i}=\frac{1}{3}(1+2\xi_s)\sigma_{zi} \tag{4.26}$$

$$\sigma_{zi}=\sum_{i=1}^{n}(\gamma_i h_i\times10^3) \tag{4.27}$$

式中：h_i 为第 i 段土层的厚度(m)；n 为段数；G_{mi} 为第 i 段中心点的最大剪变模量(MPa)；e_i 为第 i 段中心点的孔隙比；σ_{0i} 为第 i 段中心点的静有效平均正应力(Pa)；σ_{zi} 为第 i 段中心点的静有效正应力(Pa)；γ_i 为第 i 段土层的容重(kN/m^3)，浸润线以上采用天然容重，浸润线以下采用浮容重。

计算时，指定一个初始等价剪应变幅值。根据初始等价剪应变幅值，按Seed曲线确定土柱第i段的剪变模量比和阻尼比；土柱剪变模量和阻尼比，分

别按式(4. 28)、式(4. 29)计算

$$G = \sum_{i=1}^{n} (h_i \lambda_{\mathrm{G}i} G_{\mathrm{m}i}) / h \tag{4.28}$$

$$\varepsilon = \sum_{i=1}^{n} h_i \varepsilon_i / h \tag{4.29}$$

式中：G 为土柱的计算剪变模量(MPa)；$\lambda_{\mathrm{G}i}$ 为土柱第 i 段的剪变模量比；h 为土柱的计算高度(m)；ε 为土柱的阻尼比；ε_i 为土柱第 i 段的阻尼比。

土柱前 4 个振型的圆频率，按式(4. 30)计算

$$\omega_j = \frac{\lambda_j}{h}\sqrt{\frac{gG}{\gamma} \times 10^3} \tag{4.30}$$

式中：ω_j 为土柱第 j 振型圆频率(1/s)；j 为振型数，可取 1～4；λ_j 为圆频率计算系数，对第 1 到第 4 振型可分别取 1. 57、4. 71、7. 85 和 10. 99；γ 为土柱的容重(kN/m^3)。

土柱顶端前 4 个振型的最大加速度，按式(4. 31)计算

$$a_{\mathrm{m}j} = C_j \alpha_j g \tag{4.31}$$

式中：$a_{\mathrm{m}j}$ 为土柱顶端第 j 振型的最大加速度(m/s^2)；C_j 为加速度计算系数，对第 1 到第 4 振型可分别取 1. 27、−0. 42、0. 25 和−0. 18；α_j 为第 j 振型的地震影响系数，按规范谱确定，并进行阻尼修正。

土柱顶端的最大加速度，按式(4. 32)计算

$$a_{\mathrm{m}} = \sqrt{\sum_{j=1}^{4} a_{\mathrm{m}j}^2} \tag{4.32}$$

式中：a_{m} 为土柱顶端的最大加速度(m/s^2)。

土柱第 i 段中点前 4 个振型的最大剪应变，可按式(4. 33)、式(4. 34)计算

$$\gamma_{\mathrm{m}ji} = -\varphi_{ji} \alpha_j g \tag{4.33}$$

$$\varphi_{ji} = \frac{2\cos \dfrac{\lambda_j z_i}{h}}{\omega_j^2 h} \tag{4.34}$$

式中：$\gamma_{\mathrm{m}ji}$ 为土柱第 i 段中点第 j 振型最大剪应变；z_i 为土柱底部到第 i 段中点的距离(m)；φ_{ji} 为剪应变计算系数(s^2/m)。

土柱第 i 段中点的最大剪应变和相应的等价剪应变，分别按式(4. 35)、式(4. 36)计算

$$\gamma_{mi}=\sqrt{\sum_{j=1}^{4}\gamma_{mji}^{2}} \tag{4.35}$$

$$\gamma_{eqi}=0.65\gamma_{mi} \tag{4.36}$$

式中：γ_{mi} 为土柱第 i 段中点的最大剪应变；γ_{eqi} 为土柱第 i 段中点的等价剪应变。

由式(4.36)确定的等价剪应变可作为新的初始等价剪应变，按式(4.28)到式(4.36)进行迭代计算；当相邻两次计算的土柱顶端最大加速度差小于10%时，迭代结束。

土柱第 i 段中点水平面上的最大剪应力，按式(4.37)计算

$$\tau_{mi}=G\gamma_{mi}\times10^{6} \tag{4.37}$$

式中：τ_{mi} 为土柱第 i 段中点水平面上的最大剪应力(Pa)。

4.4.1.4 液化评价

采用的液化评价标准与 Seed 建议的液化判别标准形式上相同。坝体土单元的液化判别可按式(4.38)进行

$$\frac{0.65\tau_{mi}}{\sigma_{zi}}\geqslant\alpha_{di} \tag{4.38}$$

当上式成立时，土单元被判为液化发生。

4.4.1.5 尾矿坝地震稳定分析

考虑尾矿坝超孔隙水压力和地震剪应力的稳定分析，按条分法计算其滑动安全系数

$$F_{s}=\frac{\sum_{k}\{c_{k}l_{k}+[(w_{k}-b_{k}u_{k})\cos\theta_{k}+k_{eqk}w'_{k}\sin\theta_{k}]\tan\varphi_{k}\}}{\sum_{k}w'_{k}(\sin\theta_{k}+k_{eqk}\cos\theta_{k})} \tag{4.39}$$

式中：F_s 为滑动安全系数；c_k 为土条 k 底面处土的有效黏聚力(Pa)；φ_k 为土条 k 底面处土的内摩擦角(°)；l_k 为土条 k 底面的长度(m)；b_k 为土条 k 的宽度(m)；θ_k 为土条 k 底面与水平面的夹角(°)；w_k 为土条 k 的自重(N)，水下可按浮容重计算；w'_k为土条 k 的自重(N)，水下可按饱和容重计算；u_k 为土条 k 底面处地震动引起的孔隙水压力(Pa)，可按式(4.40)计算；k_{eqk} 为土条 k 的等价地震系数，可按式(4.43)计算。

地震动引起的孔隙水压力，可按式(4.40)计算

$$u=\gamma_u\sigma_z \tag{4.40}$$

$$\gamma_u=\frac{1}{2}+\frac{1}{\pi}\arcsin^{-1}\left[2(\gamma_N)^{1/\alpha}-1\right] \tag{4.41}$$

$$\gamma_N=\left(\frac{\sigma_z\alpha_d}{0.65\tau_m}\right)^{1/\delta} \tag{4.42}$$

式中：u 为地震动引起的孔隙水压力(Pa)；γ_u 为孔压比；γ_N 为地震作用次数比；σ_z 为静有效正应力；τ_m 为最大剪应力(Pa)；α_d 为与土性质有关的常数。

$$k_{eqk}=\frac{0.46b_k\tau_{mk}}{w'_k} \tag{4.43}$$

式中：τ_{mk} 为土条 k 底面中心处水平面上的最大剪应力(Pa)。

4.4.2 日本尾矿坝抗震设计规范介绍

4.4.2.1 日本尾矿坝抗震设计规范基本思路

日本尾矿坝抗震设计规范[34]侧重于尾矿坝的动力稳定分析，对于有液化可能的堆积体，先不考虑液化影响(超孔隙水压力)进行动力稳定分析，当得到的稳定安全系数不满足规定时，则再进行考虑液化影响的动力稳定分析。在考虑液化影响时，先求出抗液化安全系数 F_L，然后由 F_L 推算出与其相应的超孔隙水压力，并将其作为孔隙水压力的一部分进行稳定分析。地震反应采用 Seed 简化法计算，抗液化应力比按 Ishihara 提出的经验式计算，并针对不同种类的尾矿进行细粒含量修正。

4.4.2.2 稳定分析

稳定分析同样采用条分法，但分为不考虑超孔隙水压力和考虑超孔隙水压力两种情况。在液化分析前，首先在只考虑静孔隙水压力的情况下进行稳定分析，按式(4.44)计算，如果安全系数 $F_s \geq 1.6$ 时，可以进行不考虑超孔隙水压力的稳定分析；如果在只考虑静孔隙水压力的情况下进行稳定分析得到的安全系数 $F_s<1.6$，则需要进行考虑超孔隙水压力的稳定分析，按式(4.45)计算，其中孔隙水压力为超孔隙水压力与静孔隙水压力之和。

$$F_s = \frac{\sum R(c'l + \{(W - u'b)\cos\alpha - K_h W\sin\alpha\}\tan\varphi')}{\sum (RW\sin\alpha + K_h Wh)} \tag{4.44}$$

$$F_s = \frac{\sum R(c'l + \{(W - ub)\cos\alpha - K_h W\sin\alpha\}\tan\varphi')}{\sum (RW\sin\alpha + K_h Wh)} \tag{4.45}$$

式中：R 为滑弧半径(m)；W 为土条单位长度重量(N)；u'为土条底面上的静孔隙水压力(Pa)；u 为土条底面上的孔压，包括静孔隙水压力和超孔隙水压力(Pa)；K_h 为设计震度；b 为土条宽度(m)；α 为土条底面与水平面的夹角(°)；h 为土条重心到滑弧圆心的垂直距离(m)；l 为土条底面的长度(m)；c'、φ'分别为有效凝聚力和有效内摩擦角。

4.4.2.3 抗液化应力比

尾矿料抗液化应力比按式(4.46)计算

$$R = 1.2R_l \tag{4.46}$$

式中：R_l 为动三轴试验得到的液化应力比，在没有试验情况下，按式(4.47)至式(4.49)估算。

(1)黑色金属矿床产生的弃石、矿渣作为筑坝材料或是堆积物的情况

$$R_l = 0.088\sqrt{\frac{98066.5N}{\sigma_v' + 68646.55}} + 0.20 \tag{4.47}$$

(2)用除(1)以外的弃石、矿渣作为筑坝材料或是堆积物的情况

$$R_l = 0.088\sqrt{\frac{98066.5N}{\sigma_v' + 68646.55}} + 0.085\lg\frac{0.50}{d_{50}} \tag{4.48}$$

(3)用沉淀物(尾矿泥)作为堆积物的情况

$$R_l = 0.088\sqrt{\frac{98066.5N}{\sigma_v' + 68646.55}} + 0.10 \tag{4.49}$$

式中：N 为标准贯入击数，当 $N<1.0$ 时，$R_l = 0$；σ_v'为有效应力(Pa)；d_{50} 为平均粒径(mm)。

4.4.2.4 地震反应

在对堆积物安全方面要求很高的情况下，并且周围地震发生频繁时，地震作用应力比 L 应根据地震反应分析求得，其他情况下可按式(4.50)计算。

$$L=\frac{4}{3}K_h(\sigma_v/\sigma_v')(1-0.025z) \tag{4.50}$$

4.4.2.5 超孔隙水压力的确定

由振动产生的超孔隙水压力根据式(4.51)求得

$$\begin{gathered} F_L>1.25, u_1=0.0 \\ 1.0\leqslant F_L\leqslant 1.25,\ u_1=0.3\sigma_v' \\ F_L<1.0,\ u_1=\sigma_v' \end{gathered} \tag{4.51}$$

式中：u_1 为超孔隙水压力。

4.4.3 中日规范尾矿坝抗震设计方法的比较

《构规 93》主要根据国外已有尾矿三轴试验结果，用最大往返剪切作用面法[35]建立抗液化应力比计算式，并进行相关参数的修正，相关参数包括相对密度、固结比、振动次数、填筑期等。由于修正系数很多，必然会导致人为误差的增大。坝内任意土单元水平面上的最大地震剪应力可由通过该单元的土柱地震反应分析求得。为了能够完成一维土柱的地震反应分析，将土柱简化成一维剪切杆，采用振型组合法进行计算，土的非均质性和非线性得到了考虑。该方法具有较强的理论基础，考虑的影响因素比较全面(例如烈度、场地条件、自振周期、孔隙比、材料本身的模量和阻尼衰减曲线等)，但实际操作比较复杂，计算量很大。

日本规范是根据测试资料分析来建立尾矿抗液化应力比计算式。密度、围压、历史应力(超固结，历史小变形)、堆积年代以及土体本身很多因素所产生的影响都可通过现场试验得到的 N 值反映出来。由于 N 值不能反映细粒含量的影响，故进行细粒含量的修正。虽然运用标准贯入击数 N 可以反映出土体本身的很多特性，但需要进行现场实测试验或提供大量周边地区的参考数据，这对实际操作增加了难度。我国尾矿坝现场测试数据还不丰富，可供参考数据很少。而且在设计阶段，坝体是不存在的，无法进行现场测试。日本规范的地震反应分析是在 Seed 一维简化法基础上建立的，该方法假定地震是由基岩向上传播的水平剪切运动，水平表面土层的运动可以简化成一维剪切振动。在地震反应计算中，场地、地震波反应谱特性以及材料模量衰减等因素均未予考虑；

规范规定地震反应分析的计算深度为坝体表面以下 20 m 以内，并认为大于 20 m 深度的土层不会发生液化。计算过程中的相关参数包括材料容重、计算土层深度以及设计震度，其中设计震度的定义与我国的地震烈度类似，规范规定强震区设计震度取值要大于 0.15。

《构规 93》强调尾矿液化对尾矿坝破坏的影响，而日本规范更注重进行坝体稳定分析。

4.5 尾矿坝地震液化稳定分析简化法

4.5.1 简化抗震设计思路

从图 1.7 可知，近 90%失事的尾矿坝坝高小于 60 m，一般性的抗震设计完全可以考虑用简化法进行分析。因此，实用尾矿坝简化抗震设计方法的存在显得非常必要。

由于《构规 93》考虑的因素很多，某些计算过程过于理论化，致使计算过程很繁琐，不易被工程技术人员掌握运用。为此，本节以《构规 93》和日本尾矿坝抗震设计规范为基础，建立一种尾矿坝地震液化稳定分析的简化法，具体步骤如下：

(1) 考虑到实际上大多数尾矿坝属中小类型及尾矿坝抗震设计安全的重要性，建议三等及三等以上尾矿坝或设计烈度 9 度以上的四等及五等尾矿坝，均应采用时程法对坝体和坝基进行动力分析，综合判断其抗震安全性；四等、五等尾矿坝且烈度小于或等于 8 度时可采用简化法计算分析。

从已有尾矿坝液化稳定分析结果可知，尾矿坝水边线附近区域是最易液化区，而尾矿库内尾矿堆积体的表面平缓，坡度一般只有 0.05°~0.1°。因此，库内尾矿堆积体中土单元的受力状态与水平地面下土单元的相近。在尾矿坝下游坡，由于坡度较大，坝体的几何结构参数对尾矿料的液化稳定有一定影响，这可以通过静剪应力比对尾矿抗液化应力比进行修正。这些特点为用一维简化法进行尾矿堆积体的液化分析提供了可能。考虑到 Seed 简化法在世界各地已经得到很好的应用，方法简单，便于计算，本书参考日本规范基于此方法建立地震作用应力比计算式。

参照《构规 93》分等标准：四等、五等尾矿坝坝高小于 60 m，设计多个 60 m 高尾矿坝，选用不同地震荷载，在不同烈度作用下，用二维有限元程序 GEODYNA[36] 计算坝体地震反应，确定坝顶加速度放大倍数、坝体加速度分布系数和应力折减系数。

(2) 分析尾矿抗液化性能的主要影响因素，在《构规 93》的抗液化应力比计算式的基础上，提出简化计算式。

(3) 建立液化判别式，根据抗液化安全系数估算超孔隙水压力，并将其用于尾矿坝地震稳定分析中。

4.5.2　地震反应分析

4.5.2.1 坝顶加速度放大倍数 α_m 的确定

设计多个 60 m 高尾矿坝，下游坡面浸润线的最浅深度为 4 m，滩长 60 m，外坡与水平面的夹角为 14°，如图 4.2 所示。收集 7 种尾矿筑坝材料，物理力学性能指标见表 4.3。

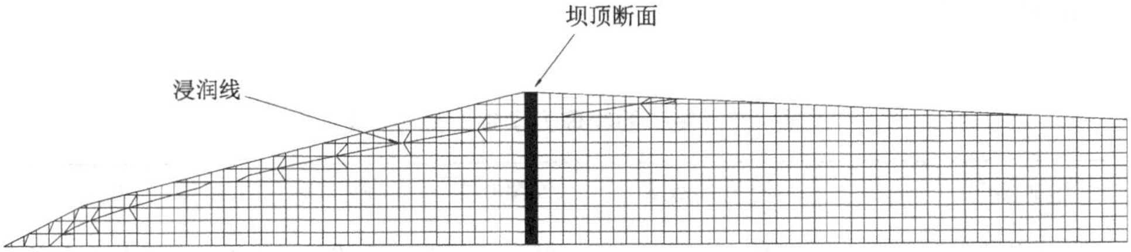

图 4.2　有限元网格

表 4.3　尾矿的物理力学性能指标

尾矿编号和名称	容重 γ/(kN·m^{-3})	饱和容重 γ_m/(kN·m^{-3})	有效凝聚力 c'/kPa	有效内摩擦角 φ'/(°)	孔隙比 e	平均粒径 d_{50}/mm	相对密度 D_r/%
No. 1 铁矿尾细砂	16.3	19.60	0.0	30.6	0.88	0.20	30.0
No. 2 铁矿尾细砂	15.9	19.50	0.0	30.0	0.85	0.15	30.0
No. 3 钼矿尾细砂	20.7	22.36	0.0	35.0	0.80	0.20	40.0

续表4.3

尾矿编号和名称	容重 γ/ $(kN \cdot m^{-3})$	饱和容重 γ_m/ $(kN \cdot m^{-3})$	有效凝聚力c'/kPa	有效内摩擦角 φ'/(°)	孔隙比 e	平均粒径 d_{50}/mm	相对密度 D_r/%
No. 4 铜矿尾细砂	21.0	21.57	0.0	28.0	0.95	0.11	35.0
No. 5 铁矿尾细砂	18.0	19.64	0.0	30.0	0.90	0.16	30.0
No. 6 铁矿尾粉砂	19.7	19.73	0.0	39.2	0.86	0.06	49.0
No. 7 铁矿尾细砂	20.5	21.70	0.0	27.1	0.85	0.20	30.0

尾矿坝实际筑坝材料构成相当复杂，这里为了简化计算，将7种尾矿作为单一材料筑坝。选用Elcentro波、唐山波和规范谱人造波作为荷载，相关数据如图4.3~图4.6所示，用二维有限元程序计算尾矿坝在烈度为7度、7.5度和8度时的地震反应。尾矿坝坝顶加速度放大倍数虽然受到决定坝体动力特性的坝型、坝料、地基、几何尺寸等因素的影响，但对于同一座尾矿坝，坝顶加速度放大倍数随着输入地震动加速度峰值的增加而降低，如图4.7所示。根据计算结果，确定四等、五等尾矿坝，在地震烈度小于或等于8度时，坝顶加速度放大倍数取2.0。

表4.3 尾矿的物理力学性能指标(续)

尾矿编号和名称	泊松比 μ	模量参数 K		模量指数 n		破坏比 R_f	体积模量系数 K_b	体积模量指数 m
		静	动	静	动			
No. 1 铁矿尾细砂	0.33	110.0	532.0	0.53	0.60	0.73	35.5	0.59
No. 2 铁矿尾细砂	0.33	111.0	514.0	0.47	0.54	0.70	40.1	0.47
No. 3 钼矿尾细砂	0.33	95.0	600.0	0.60	0.55	0.65	50.0	0.55
No. 4 铜矿尾细砂	0.33	120.0	580.0	0.80	0.46	0.69	55.0	0.60
No. 5 铁矿尾细砂	0.33	130.0	698.0	0.50	0.50	0.70	60.0	0.50

续表4.3

尾矿编号和名称	泊松比 μ	模量参数 K		模量指数 n		破坏比 R_f	体积模量系数 K_b	体积模量指数 m
		静	动	静	动			
No.6 铁矿尾粉砂	0.33	152.0	649.3	0.70	0.41	0.72	115.8	0.42
No.7 铁矿尾细砂	0.33	71.6	645.0	0.72	0.43	0.60	33.2	0.45

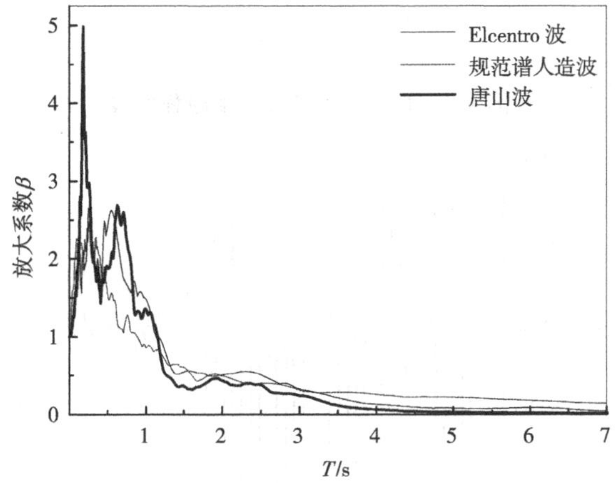

图 4.3　反应谱

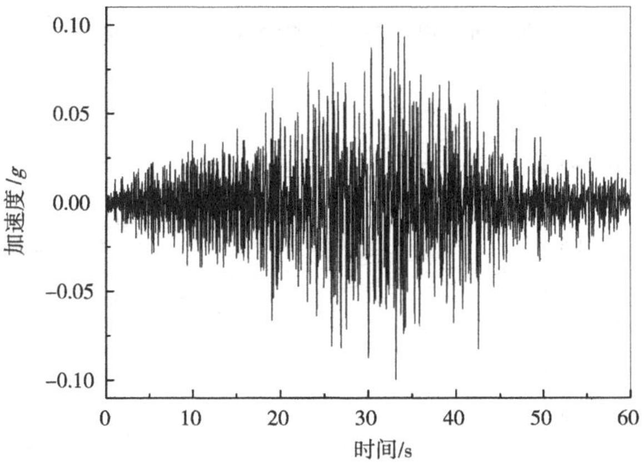

图 4.4　唐山波加速度时程曲线

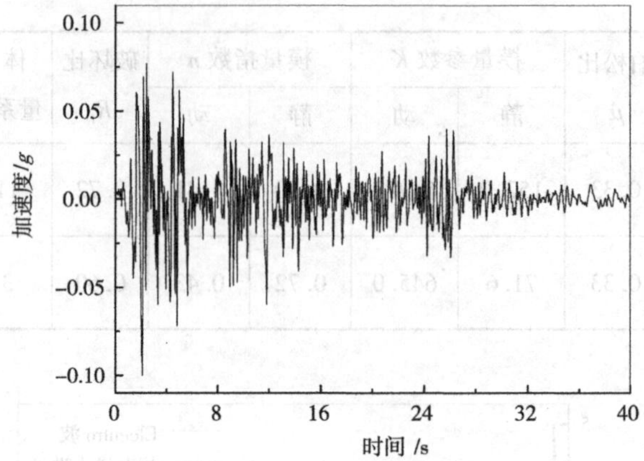

图 4.5　Elcentro 波加速度时程曲线

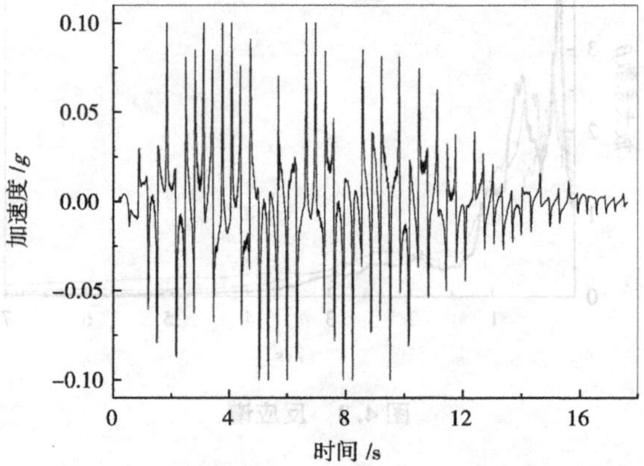

图 4.6　规范谱人造波加速度时程曲线

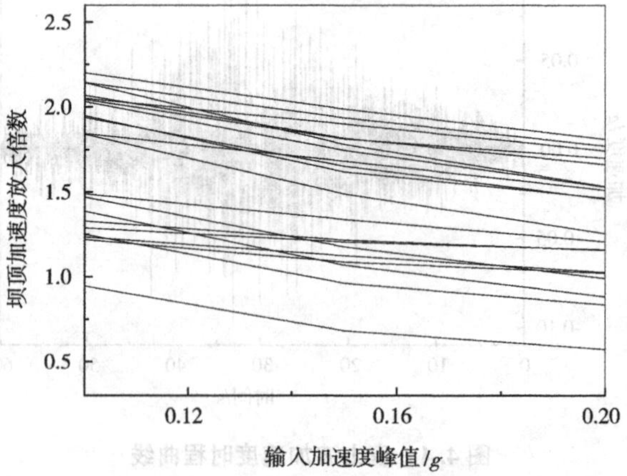

图 4.7　坝顶加速度放大倍数与输入加速度峰值的关系

4.5.2.2 坝体加速度分布系数 α_i

根据图 4.7 分析，在坝顶断面位置，坝顶加速度分布系数取 2.0，在距离坝底 0.6 h 处坝体加速度分布系数取 1.0，坝底处归一，如图 4.8 所示。在尾矿坝地震稳定分析中，计算惯性力时，将用到坝体加速度分布系数。

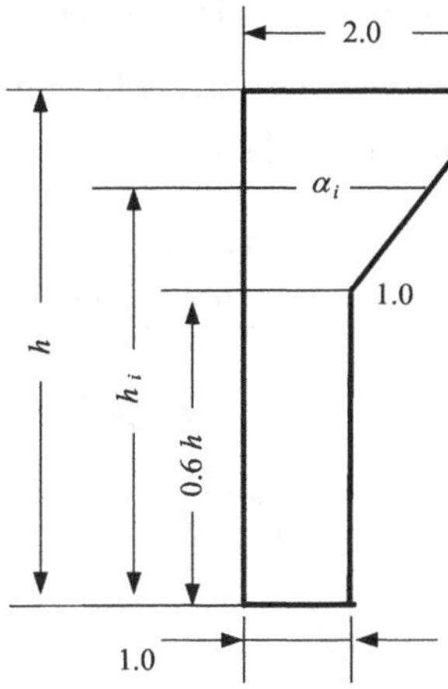

图 4.8　尾矿坝坝体加速度分布系数 α_i

4.5.2.3 应力折减系数 r_d

假设用有限元法计算得到的应力就是真实应力，根据 Seed 和 Idriss 简化法[17]，应力折减系数计算式为

$$r_d = \frac{\tau_m}{\gamma h a_h \dfrac{\alpha_m}{g}} \tag{4.52}$$

式中：τ_m 为用有限元法计算得到的最大剪应力；α_m 为坝顶加速度放大倍数；a_h 为水平设计地震动加速度代表值，其值见表 4.4。

表 4.4　地震烈度与水平设计地震动加速度代表值的对应关系

地震烈度	7 度	7.5 度	8 度
水平设计地震动加速度代表值 a_h	0.1g	0.15g	0.20g

图 4.9 是坝顶断面位置，坝体受三种地震荷载作用，在不同地震烈度下应

力折减系数 r_d 随深度的分布图。可以看出，随着深度的增大，r_d 逐渐减小。图 4.10 给出了 r_d 取值与已有文献中 r_d 值的比较，$y_i \leq 20$ m 时，r_d 与 Seed 和 Idriss[17] 给出的一般砂土水平场地的下限值相近，比 Cetin 和 Seed[37] 给出的一般砂土水平场地结果和高艳平等[5] 给出的尾矿坝结果稍大，比 Seed 等[21] 给出的一般砂土水平场地结果偏小；y_i>20 m 时，r_d 几乎线性变化。文献[5]计算分析指出，距离坝顶越远，在距离坝坡同一深度位置的 r_d 越大，但坡面加速度一般比坝顶位置的加速度小，这一大一小作用可视作相互抵消，所以可将坝顶位置的α_m 和 r_d 用到上下游坡面位置，进行地震反应分析。

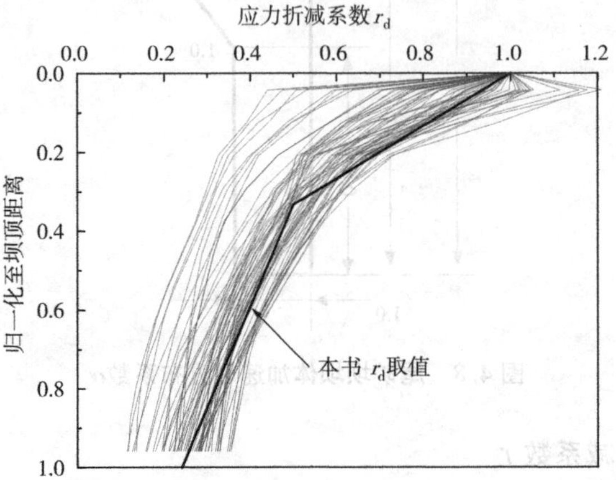

图 4.9 坝顶位置 r_d 随深度分布图

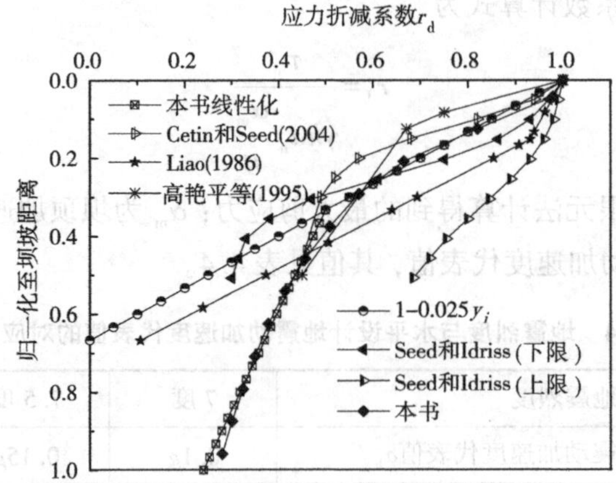

图 4.10 r_d 的比较

为了简化计算，对 r_d 进行线性化

$$r_d = 1 - 0.025 y_i ,\ y_i \leqslant 20\ \mathrm{m} \tag{4.53}$$

$$r_d = 0.63 - 0.0065 y_i ,\ y_i > 20\ \mathrm{m} \tag{4.54}$$

4.5.2.4 尾矿坝地震作用应力比

尾矿坝地震作用应力比按 Seed 和 Idriss 简化法得到的计算式为

$$L = 0.65 \frac{\sigma_v a_h \alpha_m}{\sigma'_v g} r_d \tag{4.55}$$

以某上游式尾矿坝为例，输入不同加速度峰值，用本书简化法、有限元法和《构规 93》法计算地震作用应力比的结果如图 4.11 所示，可知本书简化法与有限元法计算的结果非常接近。用《构规 93》法计算的结果偏小主要是因为使用了 Seed 和 Idriss 提供的一般砂土模量曲线，而已有试验结果表明尾矿的模量曲线偏高，这里用有限元法分析的结果是用实测模量曲线计算得到的。

4.5.3　尾矿抗液化应力比的估算

尾矿坝地震时丧失稳定性的液化机制促使人们加强对尾矿物理力学性能的研究[38-51]。目前，获知尾矿抗液化能力的方法主要有：①现场实测法，如 SPT、CPT、BPT 等；②室内试验法，主要有三轴试验、单轴剪切试验等；③经验公式法。

从已有试验研究可以得出尾矿抗液化性能与一般砂土的差异[2, 41, 44]：①与天然砂土和粉土相比较，在相同的密度状态下尾矿的抗液化能力较低，其变化范围较窄；②同种尾矿具有相近的抗液化能力；③尾矿砂的抗液化性能随着其密度的增大而提高，原状尾矿泥的抗液化性能则与其密度几乎无关；④尾矿的抗液化能力与平均粒径有一定联系——当平均粒径在 0.07～0.1 mm 时抗液化应力比最低，当平均粒径大于或小于这个范围时抗液化应力比有所提高。

尾矿抗液化应力比的影响因素有：①尾矿料的平均粒径；②相对密度；③静应力比；④震级；⑤荷载类型；⑥试样扰动；⑦荷载作用方向；⑧年期；⑨围压；等等。作为简化法，这里主要考虑前四者对尾矿抗液化性能的影响，其他影响因素给定一个综合影响系数。基于以上分析，并在已有尾矿坝抗震设计经验基础上，尾矿抗液化应力比可按如下过程计算：

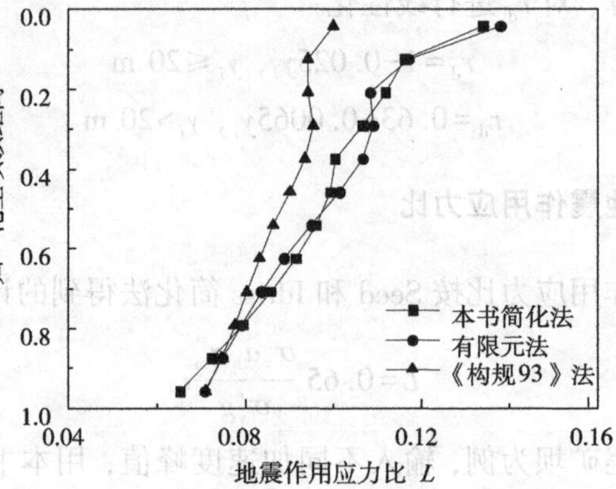

(a) 输入加速度峰值0.1g

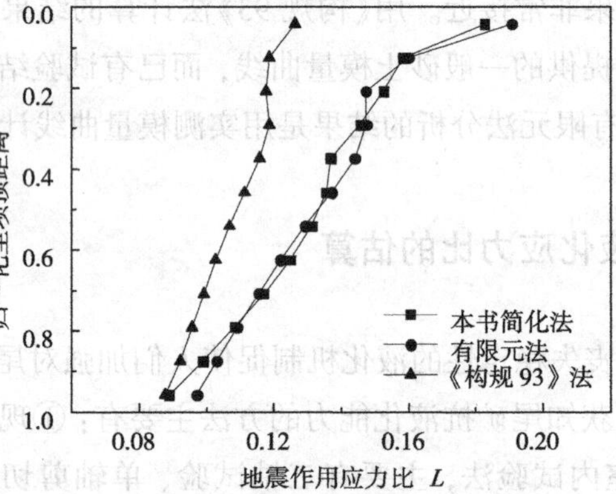

(b) 输入加速度峰值 0.15g

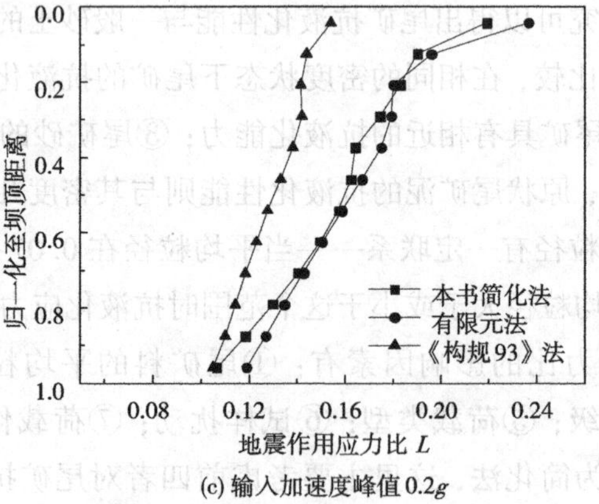

(c) 输入加速度峰值0.2g

图 4.11　地震作用应力比的比较

(1)计算里氏 7.5 级地震时固结比等于 1.0、相对密度为 50% 的尾矿三轴液化应力比。对式(4.20)的计算过程进行简化。将 $N_e=15$ 代入式(4.20)计算出相应震级 $M_w=7.5$ 的三轴液化应力比，其值与平均粒径的关系如图 4.12 所示。可以看出，$d_{50}=0.004$ mm 和 $d_{50}=0.4$ mm 的 R_{Ne} 值是相等的，在半对数坐标中，$R_{Ne}-d_{50}$ 关系曲线是关于直线 $d_{50}=0.04$ mm 对称的。从图 4.12 拟合出振次为 15 的尾矿料的三轴液化应力比的计算式为

$$R_{15}=0.171\left[1+\left(\lg\frac{d_{50}}{0.04}\right)^2\right]^{0.5} \tag{4.56}$$

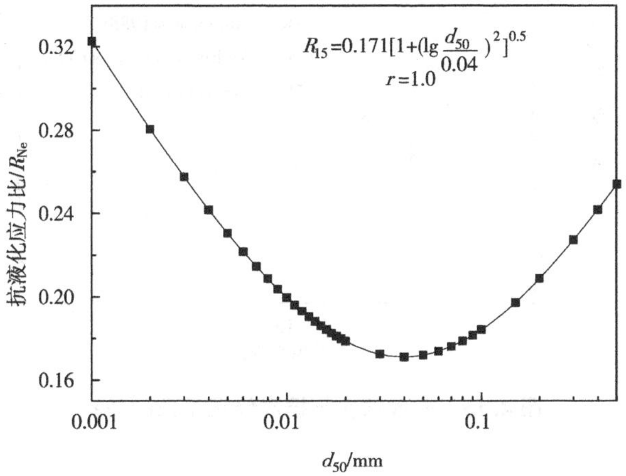

图 4.12　尾矿振次为 15 的三轴液化应力比曲线

(2)振次修正，按式(4.57)确定

$$N_{sf}=(N_e/15.0)^{-0.15} \tag{4.57}$$

式中：N_{sf} 为振次修正系数。此经验关系参考 Andrus 和 Stokoe 给出的震级修正公式，并保证本书简化公式计算出的三轴液化应力比与用《构规 93》计算的结果尽可能一致。相对一般砂土，振次对尾矿料的抗液化性能影响不大，对比结果如图 4.13 所示。图 4.14(a)(b)(c)将用《构规 93》计算的抗液化应力比与平均粒径的对应关系跟本书简化公式计算的结果进行了比较，可以看出，两者基本一致。

(3)相对密度修正，按式(4.17)、式(4.18)确定。

(4)坝体结构参数对尾矿料抗液化性能的影响用初始静剪应力比进行修

正，静剪应力比α_s按式(4.12)计算。

(5)在有试验条件的情况下，建议直接采用试验结果，在不具备试验条件时，可采用式(4.58)估算尾矿料的抗液化应力比。

$$R=0.21(1-\alpha_s)\lambda_d\left[1+\left(\lg\frac{d_{50}}{0.04}\right)^2\right]^{0.5}(N_e/15.0)^{-0.15} \tag{4.58}$$

式中：0.21为综合影响系数。

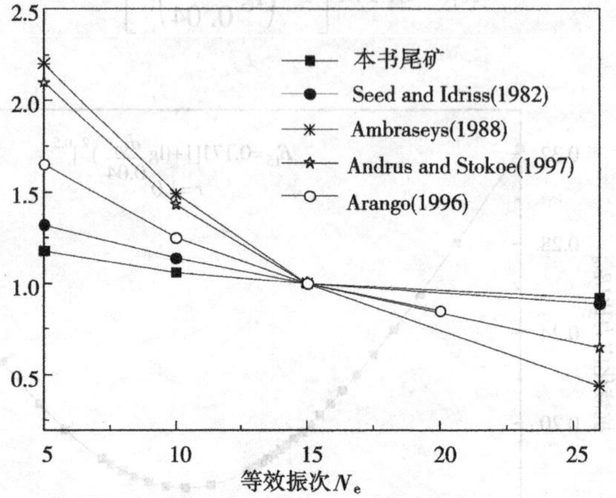

图 4.13　等效振次与振次修正系数的关系

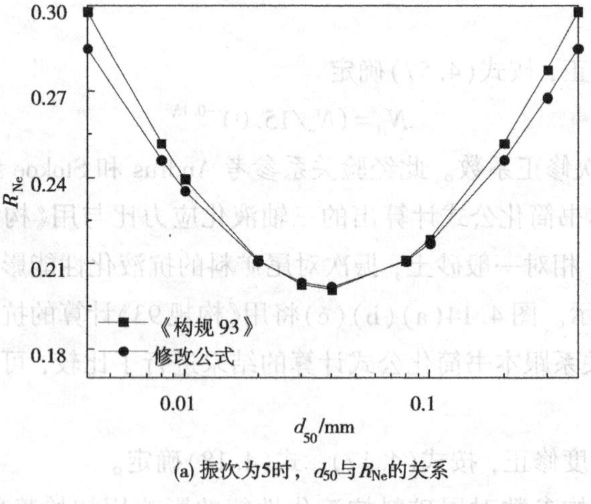

(a) 振次为5时，d_{50}与R_{Ne}的关系

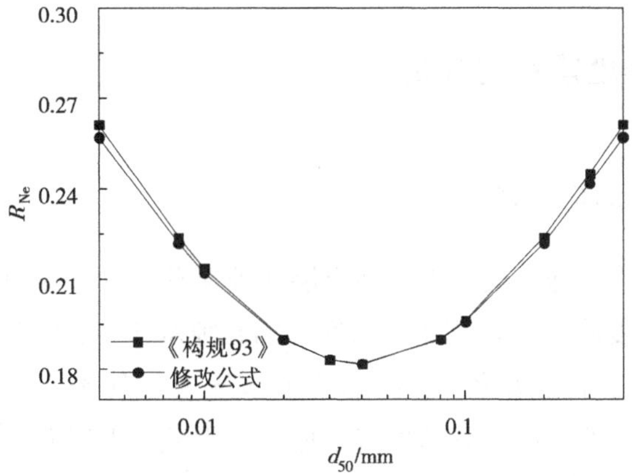

(b) 振次为10时，d_{50}与R_{Ne}的关系

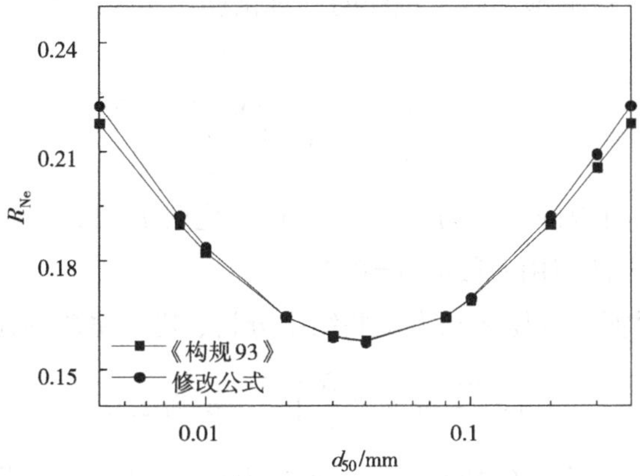

(c) 振次为26时，d_{50}与R_{Ne}的关系

图 4.14　尾矿三轴液化应力比的比较

4.5.4　尾矿坝土单元液化判别

抗液化应力比 R 与地震作用应力比 L 的比值为坝体土单元的抗液化安全系数 F_L。

$$F_L = \frac{R}{L} \tag{4.59}$$

$F_L \geq 1.0$ 不液化；$F_L < 1.0$ 液化。

4.5.5 尾矿坝地震稳定分析

4.5.5.1 超孔隙水压力分析

在尾矿坝体内，饱和松散无黏性土层在地震荷载作用下孔压上升、有效应力降低会导致强度降低。作用于土条底部的孔隙水压力，应为地震前该处静孔隙水压力和超孔隙水压力之和，因超孔隙水压力不易确定，通常只能将其忽略，由此引起的误差将使计算结果偏于危险。因此，用拟静力法进行尾矿坝地震稳定分析时，孔压的增长应该得到考虑。超孔隙水压力的计算式已有多个。

如 Seed 等[52]根据饱和砂土试样的三轴试验结果得出超孔隙水压力的计算式为

$$u=\frac{\sigma'_{3c}}{2}+\frac{\sigma'_{3c}}{\pi}\arcsin\left[2\left(\frac{N_e}{N_L}\right)^{1/\alpha}-1\right] \tag{4.60}$$

式中：σ'_{3c}为侧向有效固结压力；N_L 为达到液化时的周数；α 为与土性质有关的试验常数，为方便使用一般取 $\alpha=0.7$。

张超等[42]根据一种尾矿动力试验结果分析，建议尾矿的孔压计算式为

$$u=\frac{4\sigma'_v}{\pi}\arctan\left(\frac{N}{N_L}\right)^{1/2\alpha}, \alpha 为 2.0 \tag{4.61}$$

在缺乏相关试验资料的情况下，N_L 很难确定，本书由抗液化安全系数来确定超孔隙水压力。Iwasaki 等[53]根据一些日本学者的测试结果给出了砂土抗液化安全系数 F_L 和孔压比 γ_u 的经验关系，如图 4.15 所示。参考日本弃石、矿渣堆积场设计标准[34]进行取值，由地震引起的孔隙水压力 u_1 根据式(4.62)计算。

$$\left.\begin{aligned}&F_L>2.0, u_1=0.0\\&1.0\leqslant F_L\leqslant 2.0, u_1=117.0\exp(-F_L/0.21)\times\sigma'_v\\&F_L<1.0,\ u_1=\sigma'_v\end{aligned}\right\} \tag{4.62}$$

将上述液化分析方法进行程序化并计算坝体所有单元的抗液化安全系数，然后结合式(4.62)计算土单元的超孔隙水压力，用于尾矿坝的地震稳定分析。

4.5.5.2 稳定分析

瑞典条分法安全系数，按式(4.63)确定[54]

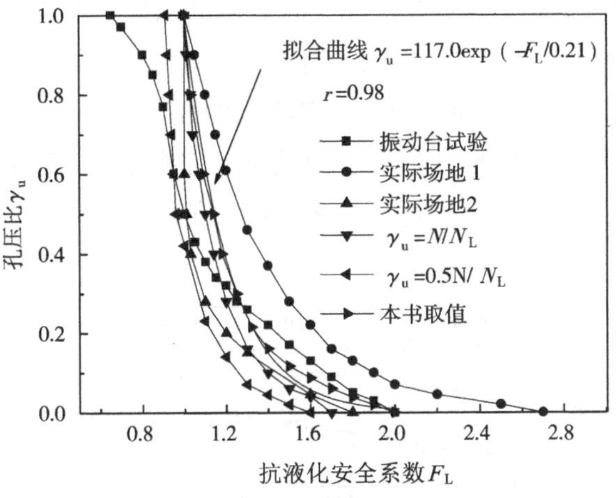

图 4.15　F_L 与 γ_u 的关系曲线

$$F_s=\frac{\sum\{c'b\sec\theta+[(G\pm F_v)\cos\theta-F_h\sin\theta-ub\sec\theta]\tan\varphi'\}}{\sum[(G\pm F_v)\sin\theta+M_h/r]} \tag{4.63}$$

式中：r 为圆弧半径；b 为滑动体条块宽度；θ 为条块底面中点切线与水平线的夹角；u 为条块底面中点的孔隙水压力代表值；G 为条块实重标准值；F_h 为作用在条块重心处的水平向地震惯性力代表值，即条块实重标准值乘以条块重心处的 $k_h\xi\alpha_i/g$；F_v 为作用在条块重心处的竖向地震惯性力代表值，即条块实重标准值乘以条块重心处的 $k_h\xi\alpha_i/3g$，其作用方向可向上(-)或向下(+)，以不利于稳定的方向为准；M_h 为 F_h 对圆心的力矩；c'为条块底部土的有效凝聚力；φ'为条块底部土的有效内摩擦角；ξ 为综合影响系数，取 1/4。

$$u=\gamma_w z_w+u_1 \tag{4.64}$$

式中：γ_w 为水的单位体积容重(N/m^3)；z_w 为水深(m)。

4.6　简化方法的应用

某尾矿坝经上游式填筑而成，根据尾矿库目前标高(+281.5 m)的工程勘察资料，构建计算模型，如图 4.16 所示。从下游坝坡往库内依次为尾细砂、尾粉砂、尾粉土和强风化正长岩。目前该尾矿库滩长为 200 m，满足规范要求，但该库区按季节降雨非常地不均匀，滩长变化很大。滩长变化直接导致浸润线的升降，浸润线偏高是上游式尾矿坝比较普遍的隐患。本节按下列工况，计算分析坝体液化、稳定：①考虑尾矿库内水位变化的影响，对于滩长分别为200 m、130 m和70 m三种情况，按实测浸润线位置计算分析；②在滩长为130 m时，假设初期坝排水设施由于细粒尾矿完全堵塞，按此情况计算分析。根据已进行的土工试验，尾矿物理力学参数取值见表4.5。

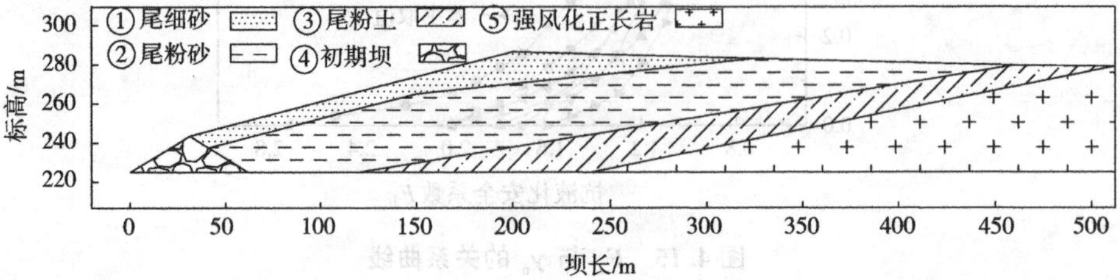

图4.16　坝体剖面概化图

表4.5　尾矿物理力学参数取值

土层名称	天然容重 $\gamma/(\mathrm{kN\cdot m^{-3}})$	饱和容重 $\gamma_m/(\mathrm{kN\cdot m^{-3}})$	有效凝聚力 c'/kPa	有效内摩擦角 φ'(°)	平均粒径 d_{50}/mm	相对密度 D_r/(%)
尾细砂	17.5	18.8	11.7	27.7	0.2	50.0
尾粉砂	19.2	19.2	21.6	26.0	0.15	40.0
尾粉土	19.8	19.8	16.1	28.2	0.05	45.0
强风化正长岩	18.0	20.0	15.0	35.0		
初期坝料	19.0	20.0	0	32.0		

说明：表中强风化正长岩和初期坝料为非尾矿料，分析时平均粒径和相对密度两项指标取较大值，即假定无液化发生。

4.6.1　液化分析

根据尾矿坝最初设计要求，选定震级为7.5级，对应$N_e=15.0$，设防烈度为7度，对不同工况进行地震液化分析。坝体抗液化安全系数分布如图4.17所示。

从图4.17可知：①滩长越长，浸润线越低，液化区越小；②尾矿库水边线靠库内区域最易液化，其次是初期坝附近；③初期坝堵塞，将抬高浸润线，初期坝附近饱和区增大，致使下游液化区相应增大，易发生液化破坏。

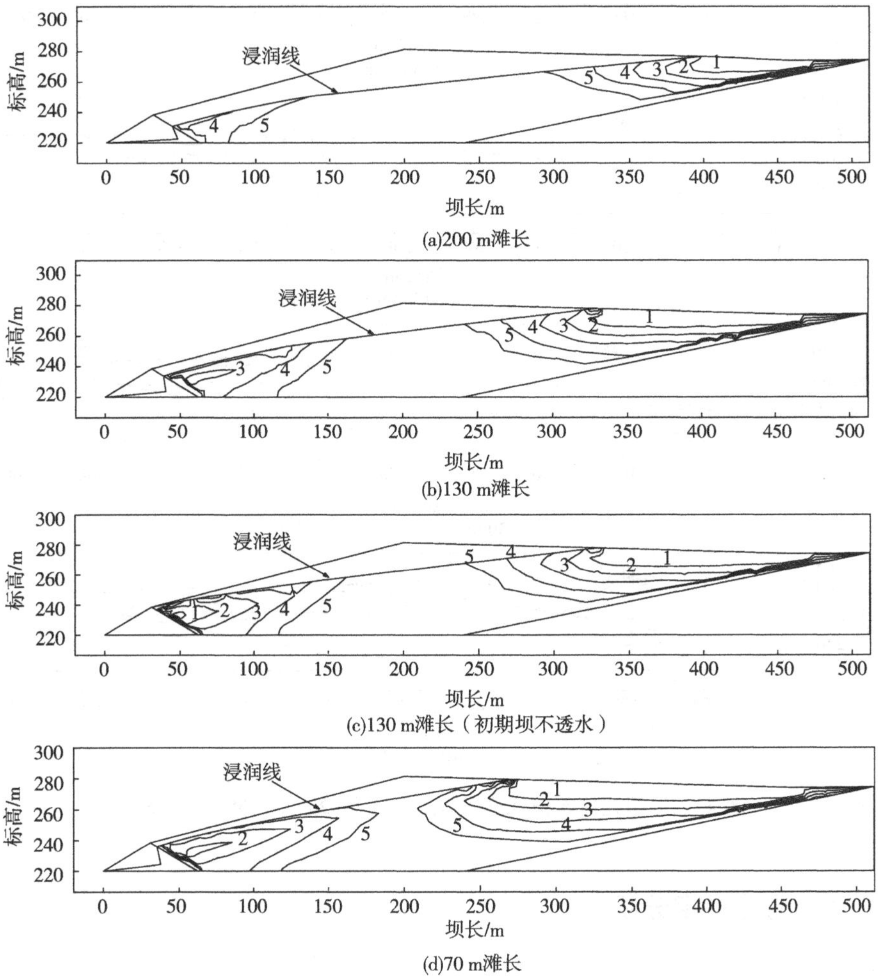

图 4.17　F_L 等值线分布(1—1.00　2—1.25　3—1.50　4—1.75　5—2.00)

根据抗液化安全系数确定的超孔隙水压力 u_1 的等值线分布如图 4.18 所示。

从图 4.18 可以看出：①由抗液化安全系数计算的超孔隙水压力值分布是合理的，滩长越长，相同区域内孔压值越小；②如果初期坝被堵塞，不能正常排水，初期坝附近饱和区孔压增大，易导致液化发生。

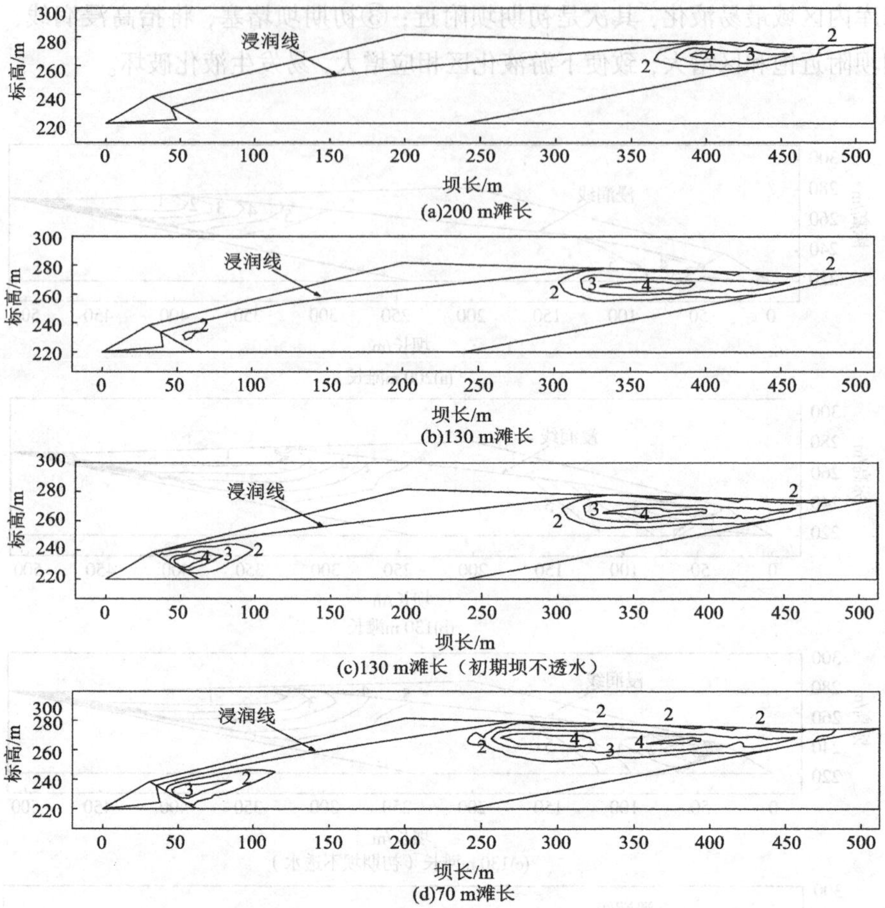

图 4.18　超孔压等值线分布 u_1/kPa(2—25　3—50　4—75)

4.6.2　地震稳定分析

参照《构规 93》，三等尾矿坝要求安全系数 $F_s \geq 1.1$，稳定分析结果见表4.6，滑弧位置如图4.19所示。从稳定分析结果可知，该尾矿库在初期坝排水设施正常工作且滩长为130 m、200 m时稳定，初期坝排水失效、滩长130 m时判定为失稳，这反映了初期坝正常排水的重要性。从前面分析可知，位于上游坡水边线附近的区域是最容易液化的区域，液化尾矿堆积体的抗剪强度的降低加大了它对非液化部分的侧向推力，从而使尾矿坝的稳定性降低，甚至发生破坏。因此，滩长70 m时尽管下游坡安全系数还有微弱富余，但上游水边线附近存在较大液化区，仍然认为尾矿坝处于失稳状态，这主要是从偏于安全的角度考虑的。

表 4.6　稳定分析结果

滩长/m	初期坝是否透水	下游坡安全系数	库体中超孔压最大值/kPa	综合判定
200	是	1.581	99.2	稳定
130	是	1.464	107.0	稳定
130	不是	0.671	123.0	不稳定
70	是	1.178	116.0	不稳定

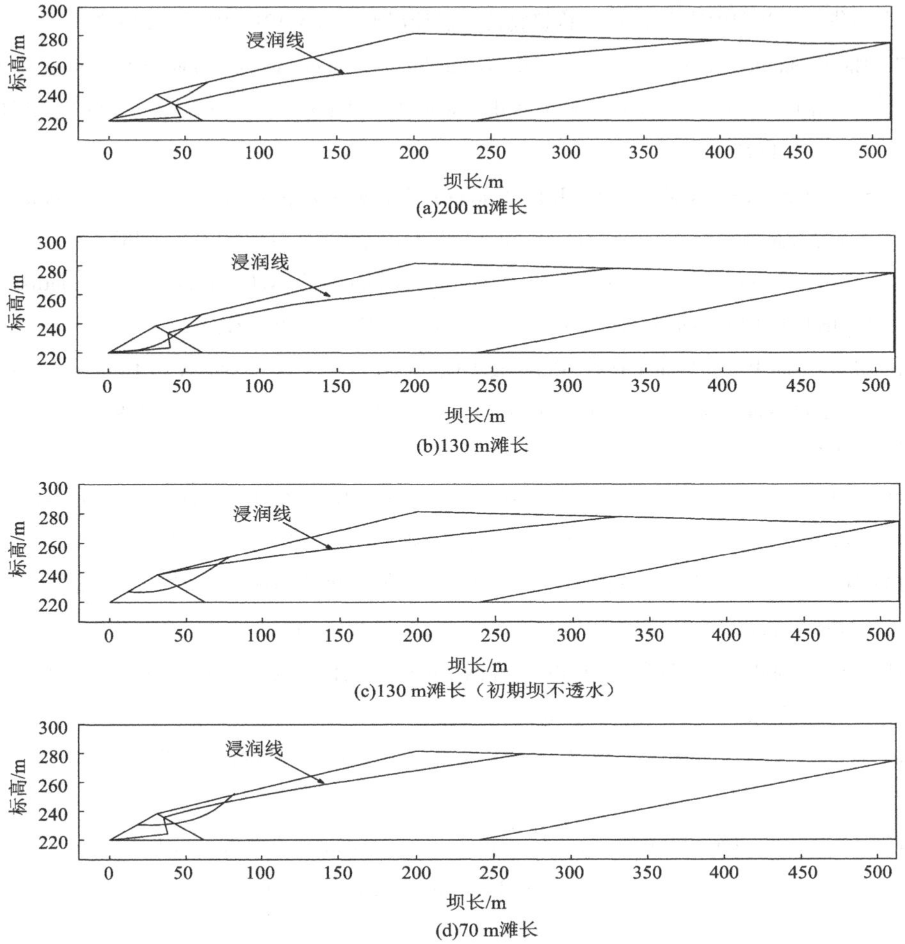

图 4.19　滑弧位置

参考文献

[1] 谢康和，周健. 岩土工程有限元分析理论与应用[M]. 北京：科学出版社，2002.

[2] 张克绪. 尾矿坝的抗震设计和研究(上)[J]. 世界地震工程，1988(1)：13-18.

[3] 张克绪. 尾矿坝的抗震设计和研究(下)[J]. 世界地震工程，1988(2)：15-18.

[4] 姜涛，王世希. 尾矿坝砂土液化的简化判别法[C]//姚伯英，侯忠良. 构筑物抗震. 北京：测绘出版社，1990：52-57.

[5] 高艳平，王余庆，辛鸿博. 中国尾矿坝地震安全度(16)——大石河尾矿坝地震液化的二维简化判别[J]. 工业建筑，1995(10)：43-46.

[6] 中华人民共和国冶金工业部. 构筑物抗震设计规范(GB 50191—93)[S]. 1993.

[7] The Committee on Soil Dynamics of the Geotechnical Engineering Division. Definition of terms related to liquefaction[J]. Journal of the Geotechnical Engineering Division, ASCE, 1978, 104(9)：1197-1200.

[8] Seed H B, Idriss I M, Arango I. Evaluation of liquefaction potential using field performance data[J]. Journal of Geotechnical Engineering, ASCE, 1983, 109(3)：458-482.

[9] Castro G, Poulos S J. Factors affecting liquefaction and cyclic mobility [J]. Journal of Geotechnical Engineering Division, ASCE, 1977, 103(6)：501-516.

[10] Robertson P K, Sasitharan S, Cunning J C, et al. Shear-wave velocity to Evaluate in-situ state of ottawa sand[J]. Journal of Geotechnical Engineering, ASCE, 1995, 121：262-273.

[11] 吴世明，徐枚在. 土动力学现状与发展[J]. 岩土工程学报，1998，20(3)：125-131.

[12] 汪闻韶. 土工抗震研究进展[J]. 岩土工程学报，1993，15(6)：80-82.

[13] 谢定义. 饱和砂土体液化的若干问题[J]. 岩土工程学报，1992，14(3)：90-98.

[14] 刘颖，谢君斐. 砂土震动液化[M]. 北京：地震出版社，1984.

[15] 潘健，刘利艳，林慧常. 基于BP神经网络的砂土液化影响因素的综合评估[J]. 华南理工大学学报，2006，34(11)：76-80.

[16] 杨健，陈庆寿. 砂土液化影响因素及其判别方法[J]. 西部探矿工程，2004，93(2)：1-2.

[17] Seed H B, Idriss I M. Simplified procedure for evaluating soil liquefaction potential[J]. Journal of the Soil Mechanics and Foundations Division, ASCE, 1971, 97(9)：1249-1273.

[18] 王刚. 砂土液化后大变形的物理机制与本构模型研究(D). 北京：清华大学，2005.

[19] Yoshimi Y, Tokimatsu K, Hosaka Y. Evaluation of liquefaction resistance of clean sands based on high-quality undisturbed samples[J]. Soils and Foundations, 1989, 29(1): 3-104.

[20] 刘小生，汪闻韶，赵冬. 饱和原状砂土的静动力强度特性试验研究[J]. 水利学报，1993(2)：32-42.

[21] Yord T L, Idriss I M. Liquefaction resistance of soils: summary report from the 1996 NCEER and 1998 NCEER/NSF workshops on evaluation of liquefaction resistance of soils[J]. Journal of Geotechnical and Geoenvironmental Engineering, 2001, 127(4): 297-313.

[22] Seed R B, Cetin K O, Moss R E S, et al. Recent advances in soil liquefaction engineering and seismic site response evaluation[C]. Proceedings of Fourth International Conference on Recent Advances in Geotechnical Earthquake Engineering and Soil Dynamics and Symposium in Honor of Professor W. D. L. Finn, San Diego, California, March 26-31, 2001.

[23] Dobry R, Ladd R S, Yokel F Y, et al. Prediction of pore-water pressure buildup and liquefaction of sands during earthquakes by the cyclic strain method[R]. NBS Building Science Series 138, US Department of Commerce.

[24] Nemat-Nasser S, Shokooh A. A unified approach to densification and liquefaction of cohesionless sand in cyclic shearing[J]. Canadian Geotechnical Journal, 1979(16): 659-678.

[25] Gutenberg B, Richter C F. Magnitude and energy of earthquakes[J]. Ann. Geofis., 1956(9): 1-15.

[26] Arias A. A measure of earthquake intensity[C]. In: Schaefer V R eds, Seismic Design for Nuclear Power Plants. Cambridge, MA: The MIT Press, 1970: 428-483.

[27] Davis R O, Berrill J B. Energy dissipation and seismic liquefaction in sands[J]. Earthquake Engineering and Structural Dynamics, 1982(10): 59-68.

[28] Berrill J B, Davis R O. Energy dissipation and seismic liquefaction of sands: revised model[J]. Soils and Foundations, 1985, 25(2): 106-118.

[29] Law K T, Cao Y L, He G N. An energy approach for assessing seismic liquefaction potential[J]. Canadian Geotechnical Journal, 1990, 27(3): 320-329.

[30] Trifunac M D. Empirical criteria for liquefaction in sand via standard penetration tests and seismic wave energy[J]. Soil Dynamics and Earthquake Engineering, 1995, 14: 419-426.

[31] Egan J A, Rosidi D. Assessment of earthquake-induced liquefaction using ground-motion energy characteristics[C]. New Zealand: Proceedings of Pacific Conference on Earthquake Engineering, 1991: 313-324.

[32] Kayen R E, Mitchell J K. Assessment of liquefaction potential during earthquakes by Arias Intersity[J]. Journal of Geotechnical and Geoenvironmental Engineering, 1997, 123(12): 1162-1174.

[33] Running D L. An energy-based model for soil liquefaction[D]. Washington State University, 1996.

[34] Ministry of International Trade and Industry(Bureau of Land and Pollution). Specifications of Construction of Tailings and Commentary[S], Japan, 1980.

[35] 张克绪, 谢君裴. 土动力学[M]. 北京: 地震出版社, 1989.

[36] 邹德高, 孔宪京. GEOtechnical DYnamic Nonlinear Analysis-GEODYNA 使用说明[Z]. 大连: 大连理工大学土木水利学院工程抗震研究所.

[37] Cetin K O, Seed R B. Nonlinear shear mass participation factor(r_d) for cyclic shear stress ratio evaluation[J]. Soil Dynamics and Earthquake Engineering, 2004, 24(2): 103-113.

[38] 阮元成, 郭新. 饱和尾矿料动力变形特性的试验研究[J]. 水利学报, 2003, 34(4): 24-29.

[39] 阮元成, 郭新. 饱和尾矿料静、动强度特性的试验研究[J]. 水利学报, 2004, 35(1): 67-73.

[40] 陈敬松, 张家生, 孙希望. 饱和尾矿砂动强度特性试验结果与分析[J]. 水利学报, 2006, 37(5): 603-607.

[41] 金晓媚, 王余庆. 尾矿土振动液化参数[C]//第四届全国土动力学学术会议论文集. 杭州: 浙江大学出版社, 1994.

[42] 张超, 杨春和, 白世伟. 尾矿料的动力特性试验研究[J]. 岩土力学, 2006, 27(1): 35-40.

[43] Ishihara K, Troncoso J, Kawase Y, et al. Cyclic strength characteristics of tailings materials [J]. Soils and Foundations, 1980, 20(4): 127-142.

[44] Garga V K, Mchay L D. Cyclic triaxial strength of mine tailings[J]. Journal of Geotechnical Engineering, 1984, 110(8): 1091-1105.

[45] Troncoso J H. Critical state of tailings silty sands for earthquake loadings[J]. Soils Dynamics and Earthquake Engineering, 1986, 5(3): 248-252.

[46] Wijewickreme D, Sanin M V, Greenaway G R. Cyclic shear response of fine-grained mine tailings[J]. Canadian Geotechnical Journal, 2005, 42(12): 1408-1421.

[47] 徐宏达. 不同固结度尾矿泥动强度的试验和推求[J]. 中国矿山工程, 2004, 33(5): 26-29.

[48] 辛鸿博, 王余庆. 大石河尾矿粘性土的动力变形和强度特征[J]. 水利学报, 1995, 26

(11)：56-62.

[49] 谢孔金，王霞，王磊. 尾矿坝坝体沉积尾矿的动力变形特性[J]. 岩土工程界，2005，8(2)：45-49.

[50] 刘宪权，谢孔金. 尾矿坝坝体沉积尾矿的动强度特性[J]. 西部探矿工程，2006(9)：51-53.

[51] 谢欣，张家生，刘聪聪. 尾矿料的力学性试验研究[J]. 矿业工程，2006，4(5)：61-62.

[52] Seed H B, Martin P P, Lysmer J. Pore-water pressure changes during soil liquefaction [J]. Journal of the Geotechnical Engineering Division, ASCE, 1976, 102(4): 323-346.

[53] Iwasaki T, Arakawa T, Tokida K I. Simplified procedures for assessing soil liquefaction during earthquakes[J]. Soil Dynamics and Earthquake Engineering, 1984, 3(1): 49-58.

[54] 中国水利水电科学研究院. 中华人民共和国电力行业标准：水工建筑物抗震设计规范(DL 5073—2000)[S]. 北京：中国电力出版社，2001.

第5章
尾矿坝地震液化流动大变形分析

Seed 和 Lee[1]把不排水循环剪切试验中有效应力第一次为零的状态称为“初始液化”，从而把液化过程分为“初始液化前”(简称液化前)和“初始液化后”(简称液化后)两个阶段。20世纪60年代至80年代关于地震液化问题的研究主要针对液化前，着重研究“初始液化”的产生机理、影响因素、评价方法等，尤其在液化的评价方面取得了一些进展，提出了多种基于室内试验或震害调查的液化评价方法，其中一些方法已纳入相应的抗震设计规范。进入80年代后，通过震害调查人们逐渐认识到：土层液化并不一定存在危害，只有当液化引起的变形足以危害结构物安全或正常使用时才造成危害；液化问题研究的核心不是强度，而是液化后果，即液化土体的变形。近年来随着基于性态抗震设计概念的提出，以变形控制作为设计控制标准的概念逐渐被广泛接受，对地震导致的场地变形特别是大变形进行预测是结构抗震性态设计的需要，具有重要的工程意义。国内外大量地震震害的调查结果也表明，许多构筑物的破坏都是发生在地震作用停止之后，而且这些破坏有许多是由于场地的侧向大变形导致的，现有的地震变形分析方法大多只能对土体初始液化之前中小变形进行研究，这些方法无法对土体液化后的情况进行考虑。因此，对饱水砂土地震液化变形研究已日益显示出重要性。

我国大多数尾矿坝均采用上游式修建，上游式尾矿坝其浸润线较高，大部分坝体处于饱和状态，地震时易发生液化变形，导致坝体破坏。1978年日本的1# Mochikoshi 尾矿坝由于地震液化直接破坏，而2#尾矿坝在地震后约24h倒塌，两尾矿库中近100000 m^3 的尾矿和废水混合物被释放出来，对当地的生态环境、人民的生命财产和矿主的利益带来了巨大的损失，这是典型的液化流动变形破坏[2]。尾矿液化后强度降低，在土体自重作用下，出现大的垂直和侧向变形现象，从而导致坝体发生破坏。国内对砂土液化后的大变形分析大多集中于试验研究[3-5]，很少用于工程分析。然而，为更好地进行尾矿坝抗震设计及对现有尾矿坝进行安全评价，尾矿坝液化后大变形研究是一项很有意义的工作。本书介绍了砂土液化变形机理及研究进展，应用二维商用软件 ALID[6] 研究 Mochikoshi 尾矿坝因地震液化发生流动变形的一些特征，分析抑制尾矿坝液化流动变形措施的有效性，并提出两种综合措施。

5.1　砂土液化后大变形研究现状

5.1.1　砂土液化后变形

液化后大变形是指饱和砂土地层在地震液化后强度极度降低，在外荷载或土体自重作用下，地表出现大的垂向或侧向变形的现象，它会使液化区的各种地上结构、地下结构、生命线工程等产生巨大的破坏[3]。根据原位地形、地质条件的不同，对液化后果的变形分析又可以分为两种情况[7]，如图 5.1 所示。对于可液化的水平地层，由于不存在静驱动剪应力，不会发生流滑，所以一般先进行液化评价。如果判定不发生液化，则一般不会产生大变形；如果判定发生液化，则要进行液化引起的变形分析(沉降)。对于可液化的倾斜地层，如果判定会出现非稳定的流滑，则有必要分析变形是否可接受以及结构变形的特征，并提出相应的加固措施。

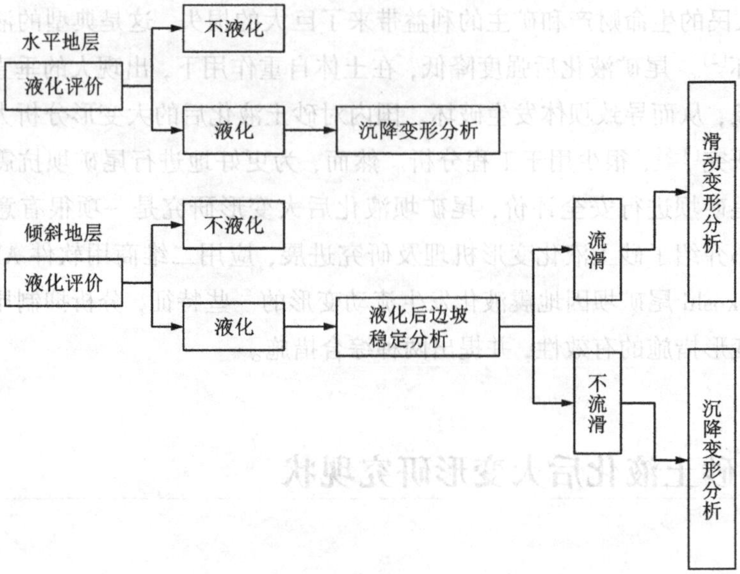

图 5.1　液化问题分析流程(Ishihara, 1993)[7]

5.1.2　砂土液化后变形的预测方法

对液化引起变形的预测方法主要有：①基于室内试验或现场调查的简易估计方法；②数值分析。基于简单的室内试验或现场调查而建立起来的一些经验性或者半经验性的公式和方法，难以真实地反映具体场地的地形、地质条件和动力条件，预测变形的精度和可靠性较差，对于一些复杂土工结构很难适用。数值分析在理论上可以考虑复杂的地形条件等，其预测精度主要依赖于所采用本构模型的模拟能力及模型参数确定的合理性和可靠性。

5.1.2.1 基于震害调查的经验法

基于对 1964 年新潟地震、1971 年圣费尔南多地震、1983 年日本海中部地震震害调查所收集大变形资料的回归分析，Hamada 等[8]提出了一个预测侧向水平位移的经验公式。

$$D=0.75\sqrt{H^3}\sqrt{\theta} \tag{5.1}$$

式中：H 为液化层的厚度；θ 为坡面倾角。其计算结果误差较大。

Youd 和 Perkins[9]引入液化严重性指数 LSI(Liquefaction severity index)来预

测最大侧向水平位移。

$$\lg LSI = -3.49 - 1.86\lg R + 0.98M_{W} \tag{5.2}$$

式中：LSI 为预测的最大水平位移(英寸)；M_W 为震级；R 为震中或断层地面投影与预测点之间的距离(km)。当 LSI 超过 2.5 m 时，式(5.2)不再有意义。

Bartlett 和 Youd[10] 基于多线性回归分析的方法对来源八个地震场地的实测数据进行了分析，提出了两个分别适用于河堤或有临空面的场地以及缓倾自由场地的预测公式。

有自由临空面的水平位移预测式

$$\begin{aligned}\lg(D_{H}) = &-16.366 + 1.178M - 0.927\lg R - 0.013R + 0.657\lg W \\ &+ 0.348\lg T_{15} + 4.527\lg(100 - F_{15}) - 0.922D50_{15}\end{aligned} \tag{5.3}$$

缓坡下的水平位移预测式

$$\begin{aligned}\lg(D_{H}) = &-15.787 + 1.178M - 0.927\lg R - 0.013R + 0.429\lg S \\ &+ 0.348\lg T_{15} + 4.527\lg(100 - F_{15}) - 0.922D50_{15}\end{aligned} \tag{5.4}$$

$$W = 100H/L \tag{5.5}$$

式中：M 为震级；S 为地面坡度(%)；R 为震中距(km)；T_{15} 为液化层厚度(m)；F_{15} 为平均细粒含量(%)；$D50_{15}$ 为平均粒径(mm)；W 为自由面比；H 为临空面高度；L 为预测点到自由临空面距离。

经验法中还包括一些基于人工神经网络和遗传算法的预测方法，如 Chiru-Danzer、刘勇健、佘跃心、Javadi 等[11-14] 所做的研究。

液化后大变形应是场地土性、地形特性及地震特性共同影响的结果，显然这些公式考虑的因素是不全面的。经验方法是建立在特定土性、地形条件的场地，在过去地震中反应的基础之上的，所建立的公式、参数与所选择的数据样本有较大的关系，能否对其他场地在未来地震中的反应进行较精确的预测值得检验。

5.1.2.2 基于试验结果提出的简化分析法

周云东[15] 基于液化后试验结果及大变形机理推导出了砂土液化后的应变计算式。

$$\varepsilon_{vr} = \frac{0.066\gamma_{max}^{0.124\sigma_0'0.249}(e_i - e_{min})}{1 + e_i} \tag{5.6}$$

液化后静加载时的应变量为

$$\gamma=\frac{0.066\gamma_{\max}^{0.124\sigma_0'^{0.249}}(e_i-e_{\min})}{C(1+e_i)}+\frac{q^{1-n}p_0^n}{CK_0M_{CS}^{1-n}(1-n)} \tag{5.7}$$

式中：e_i 为初始孔隙比；$e_{\min}$ 为最小孔隙比；$\gamma_{\max}$ 为试样动加载的最大剪应变；σ_0'为初始上覆有效应力；$M_{CS}=\tan\varphi$，φ 为砂土液化后静加载时有效应力路径的倾角；q 为偏应力；p_0 为大气压；K_0、n、C 为试验常数。

基于式(5.6)建立竖向变形式

$$D_V=\sum_{i=1}^{m}\frac{0.066\gamma_{\max}^{0.124\sigma_0'^{0.249}}(e_i-e_{\min})}{1+e_i}H_i \tag{5.8}$$

基于式(5.7)建立侧向变形式

$$D_H=\sum_{i=1}^{m}\left(\frac{0.066\gamma_{\max}^{0.124\sigma_0'^{0.249}}(e_i-e_{\min})}{C(1+e_i)}+\frac{q_i^{1-n}p_0^n}{CK_0M_{CS}^{1-n}(1-n)}\right)H_i \tag{5.9}$$

上述关系式均由具体砂土试验结果建立的，用到其他砂土是否合适有待进一步研究，而且试验方法花费较大。

5.1.2.3 数值分析方法

Uzuoka、Hadush 等[16, 17]都基于流体特性提出了一些预测砂土液化变形的方法，Towhata 等[18]将液化土视作流体，上覆非液化土视作弹性体，流动土体的体积认为是不变的(土体的固结变形单独考虑)。水平位移在液化层顶为最大，层底为零，中间按正弦规律变化，根据最小势能原理用二维有限元计算液化后砂土的流动特征，并于 1998 年发展了三维方法以考虑地形的影响。Shamoto 和张建民[19-21]对此问题也进行了大量的研究，他们基于室内试验结果及前人的部分研究成果，给出了一些大变形预测实用图表。王刚[22]基于试验结果建立砂土循环本构模型，并将其加入程序 DIANA-SWANDYNE Ⅱ中，对砂土液化后的相关特性进行了数值模拟。

5.2 ALID

Yasuda 等[23]基于砂土试验结果提出双线性模型，并结合有限元数值分析，计算砂土液化后的大变形。该方法已在软件 ALID[6](Analysis for Liquefaction-

Induced Deformation)中实现，并在很多工程分析中得到了应用[6, 24, 25]，以下对该方法作一简单介绍。

Yasuda 等[6, 23, 24]用丰浦砂做室内剪切试验，试验结果如图 5.2、图 5.3 所示。图 5.2、图 5.3 分析表明，液化砂土即使承受很小的剪应力也可产生很大的剪应变；剪应变产生后，伴随着孔压的消散，应力-应变曲线急剧上升，强度恢复正常；相对密度 D_r、抗液化安全系数 F_L 越小，强度恢复前应力-应变曲线斜率越小(即模量越低)，强度恢复后应力-应变曲线斜率越大。

基于试验结果分析，Yasuda 等提出了液化后砂土的双线性模型，即用两段直线来近似代替大变形曲线的低强度段及强度恢复段，如图 5.4 所示。强度恢复点的应变称为参考应变 γ_L。在双线性模型中，强度恢复点前的应力-应变关系用割线模量 G_1 来计算，强度恢复后则用割线模量 G_2 来计算。以 G_1、G_2 和 γ_L 为基本参数的双线性模型可表示为

$$\tau = G_1\gamma,\ \gamma<\gamma_L \tag{5.10}$$

$$\tau = G_1\gamma_L + G_2(\gamma-\gamma_L),\ \gamma\geqslant\gamma_L \tag{5.11}$$

式中：G_1、G_2 是参考应变 γ_L 前后的割线模量。

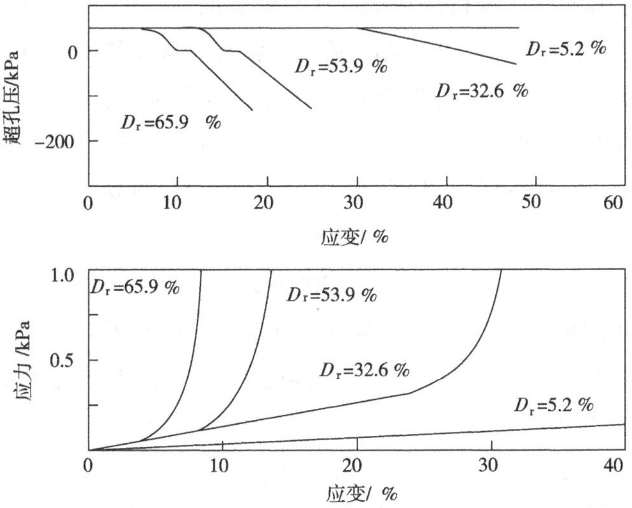

图 5.2　丰浦砂试验结果(F_L=1.0)

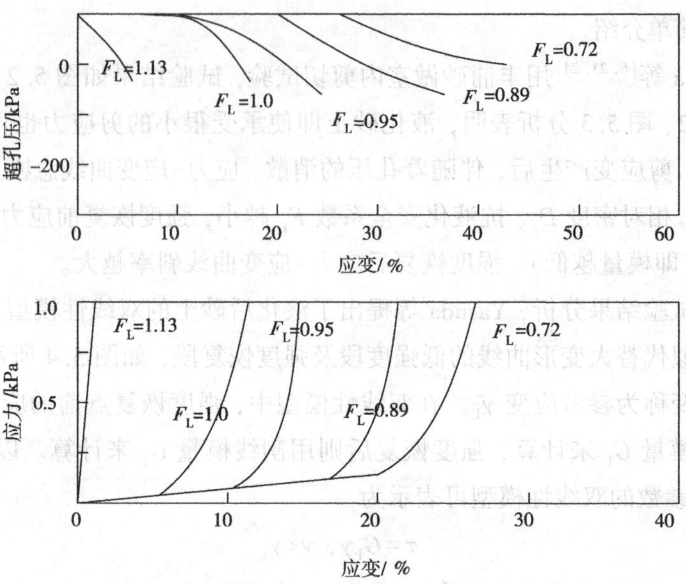

图 5.3　丰浦砂试验结果(D_r=50%)

图 5.5 是用于计算分析的应力-应变概念曲线。A 点是土的初始状态点，当孔压增长时，土的模量和强度随之降低，状态点从 A 移到 C，应力降低，应变增加，增量为 $\gamma_C-\gamma_A$。可认为砂土液化流动变形是因土体模量降低所导致，模量降低率 G_1/σ'_v 与抗液化安全系数 F_L 及抗液化应力比 R 的关系如图 5.6 所示。G_1、G_2 与 γ_L 的关系，分别采用式(5.12)和式(5.13)确定。

$$\gamma_L=(1300/G_1)^{0.5587} \tag{5.12}$$

$$G_2=2000/\gamma_L \tag{5.13}$$

1964 年新潟地震、1983 年日本海中部地震、1995 兵库南部地震都发生了地基液化并伴随地基的大变形，学者们称这种现象为“液化流动变形”，液化产生的流动变形由两部分组成：①地震时在周期荷载作用下产生的残留变形；②液化时土体骨架结构发生变化，在自重应力下产生的流动变形。前者数十厘米，而后者可达数米，ALID 方法主要用于分析后者的大变形。具体分析步骤如下：

(1)基于液化前砂土的应力-应变曲线，用有限元计算土体的应力、应变；

(2)用地震反应分析方法或者简化分析方法确定抗液化安全系数 F_L；

(3)基于液化后砂土应力-应变曲线，再次用有限元计算液化土体的应力、应变，两次计算的位移差即为液化导致的变形。

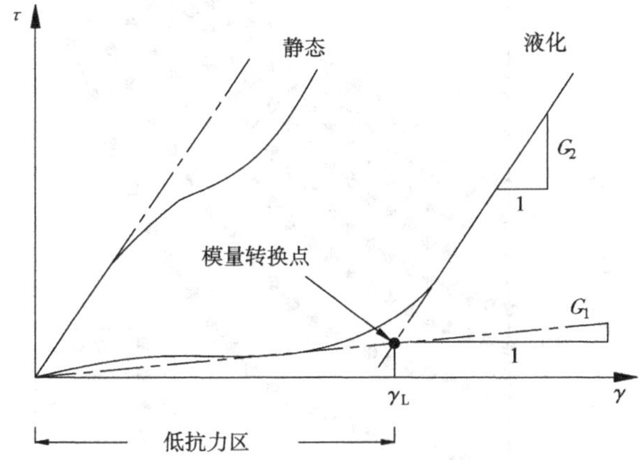

图 5.4　液化砂土应力-应变曲线示意图

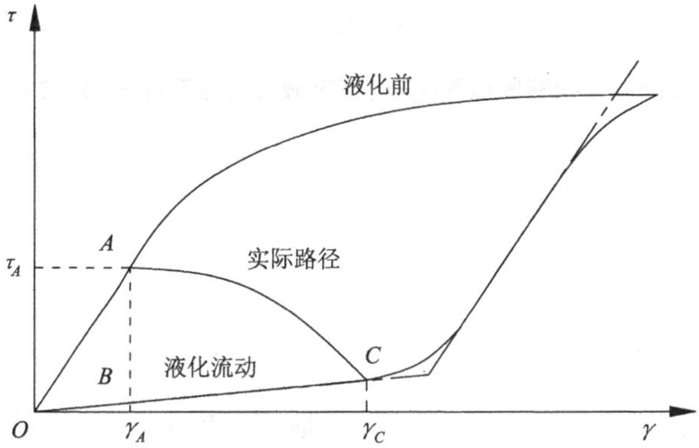

图 5.5　用于计算分析的应力-应变概念曲线

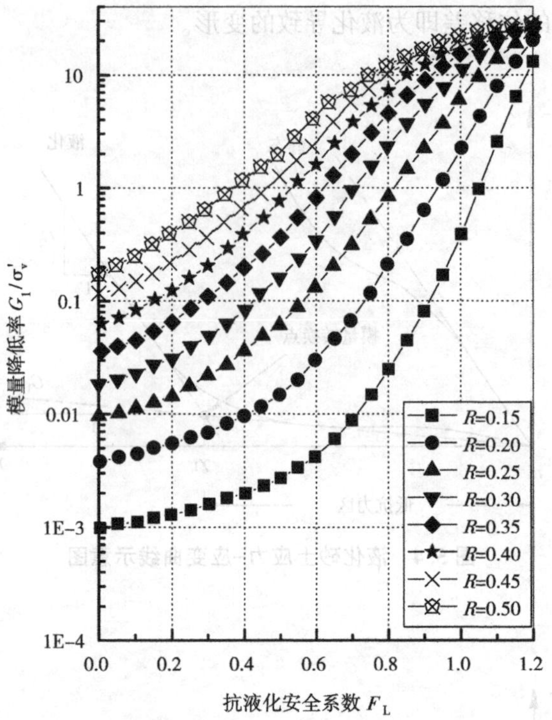

图 5.6　模量降低率G_1/σ'_v与抗液化安全系数 F_L 的关系

5.3　计算模型

1978 年日本 Izu-Ohshim-Kinkai 发生地震，在 Mochikoshi 的两座尾矿坝由于地震液化发生溃坝[2]。1#尾矿坝在地震中就遭受破坏，2#尾矿坝在地震后约 24 h 溃坝。这里以 1#坝体结构为例，初期坝坝高 14 m，外坡度为 1∶2.5，内坡度为 1∶1.8。主坝体高 28 m，坝顶宽 5 m，水位线垂直距离坝坡约 3 m，下游坡度约为 1∶3，为上游式修筑。

根据尾矿库标高(+628 m)构建计算模型，如图 5.7 所示(部分上游库体未显示)。坝基及尾矿坝材料依次为坝基土①、坝基土②、初期坝③、尾细砂④、尾粉砂⑤、尾粉土⑥、尾矿泥⑦和尾矿泥⑧。

按下列工况，计算液化流动变形：(1)水位线按实际情况，滩长为 5 m，见图 5.7，坝基土全为①，初期坝和坝基土均为非液化土层；(2)在工况(1)中，坝基上部改为液化土层②，下部仍为非液化土层①。

根据文献[2]，并参考类似尾矿的测试结果[26-35]，具体物理力学参数取值见表 5.1。Ishihara 等预测地震时地表加速度峰值在 0.15g~0.25g，但没有实测加速度时程记录，这里参考 Elcentro 地震波，并将加速度峰值调整为 0.20g，如图 5.8 所示。用动力有限元程序 GEODYNA[36] 计算最大动剪应力，从而确定地震作用应力比 L。试验抗液化应力比 R 与 L 的比值为抗液化安全系数 F_L。

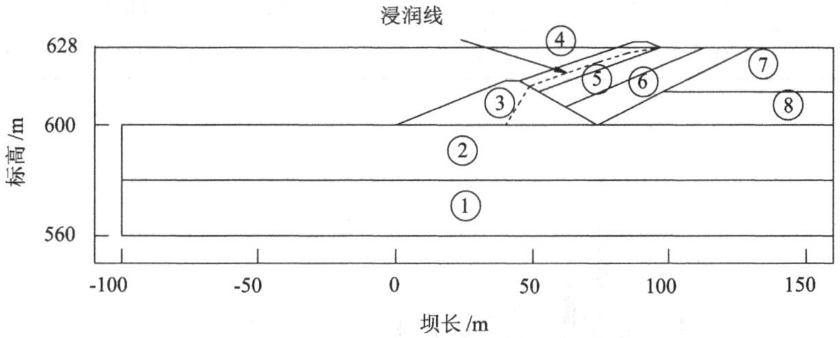

图 5.7　尾矿坝剖面概化图

表 5.1　尾矿物理力学参数

尾矿编号和名称	容重 $\gamma/(\mathrm{kN\cdot m^{-3}})$	饱和容重 $\gamma_m/(\mathrm{kN\cdot m^{-3}})$	凝聚力 c'/kPa	摩擦角 $\varphi'/(°)$	抗液化应力比 R_{20}	泊松比 μ
坝基土①	17.0	20.0	25	35	0.50	0.33
坝基土②	16.5	20.0	10	30	0.20	0.33
初期坝③	18.0	20.0	25	35	0.50	0.33
尾细砂④	16.3	19.6	25	35	0.15	0.33
尾粉砂⑤	15.9	19.5	8	30	0.15	0.33
尾粉土⑥	15.6	19.4	8	30	0.15	0.33
尾矿泥⑦	18.5	20.0	10	34	0.20	0.33
尾矿泥⑧	18.5	20.0	10	34	0.20	0.33

续表5.1

尾矿编号和名称	模量参数 K		模量指数 n		破坏比 R_f	体积模量系数 K_b	体积模量指数 m
	静	动	静	动			
坝基土①	500	1500	0.51	0.60	0.74	200.0	0.21
坝基土②	250	700	0.50	0.58	0.70	90.0	0.30
初期坝③	320	1000	0.52	0.60	0.85	200.0	0.40
尾细砂④	110	532	0.53	0.60	0.73	35.5	0.59
尾粉砂⑤	111	514	0.47	0.54	0.70	40.1	0.47
尾粉土⑥	130	550	0.56	0.63	0.75	60.0	0.43
尾矿泥⑦	150	500	0.46	0.55	0.68	80.0	0.48
尾矿泥⑧	180	750	0.50	0.60	0.70	100.0	0.50

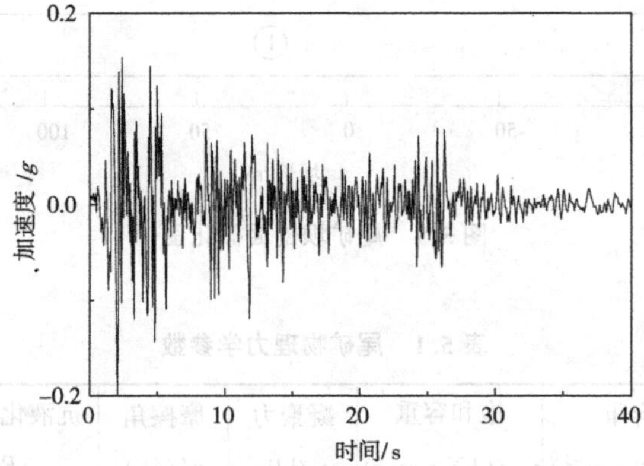

图 5.8　水平向地震荷载

5.4　加固前计算结果分析

用 ALID 计算分析上述工况，计算结果如图 5.9~图 5.12 所示。分析可以得出：

(1)图 5.9 是工况 1 坝体发生液化流动变形的网格图，图 5.10 是相应的水平位移等值线，可以看出，在初期坝和坝基没有液化流动发生并在地震中保持稳定时，坝体上部液化土料将从初期坝顶溢流出。最大位移出现在初期坝上游坡脚附近，可认为主坝体已经发生破坏。据目击者描述，Mochikoshi 尾矿坝在主震后 10 s 主坝体发生破坏，大量尾矿料越过初期坝顶流向下游。工况 1 的计算结果与文献报道相符，进而说明 ALID 方法在尾矿坝液化流动变形分析中的实用性和有效性。

(2)图 5.11 是工况 2 坝体发生液化流动变形的网格图，如果坝基土发生大面积液化，将导致整个坝体滑移。图 5.12 是相应的水平位移等值线，最大值出现在初期坝脚处。

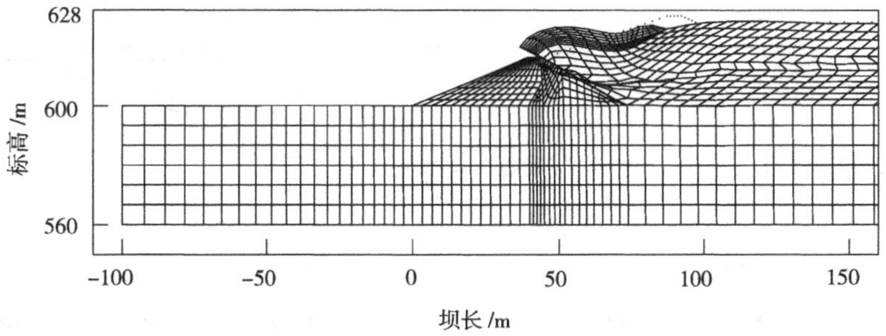

图 5.9 工况 1 网格变形(放大 20 倍)

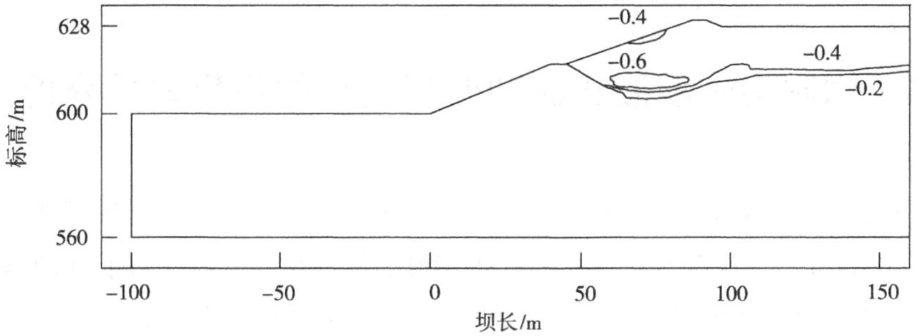

图 5.10 工况 1 水平位移等值线/m

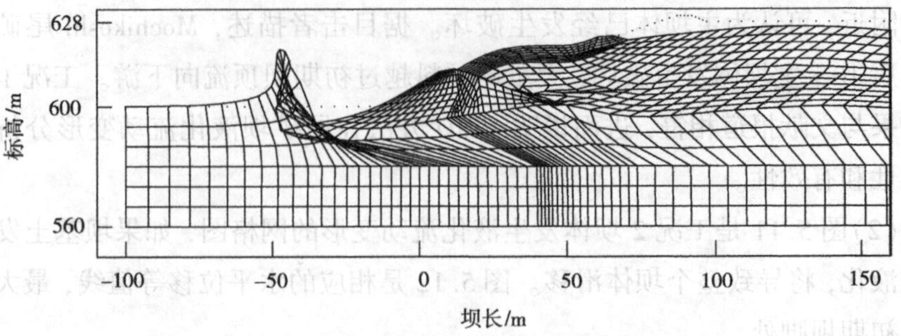

图 5.11　工况 2 网格变形(放大 10 倍)

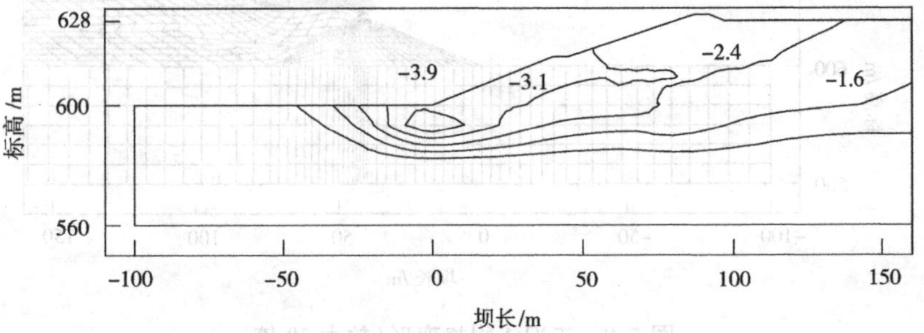

图 5.12　工况 2 水平位移等值线/m

5.5　抑制尾矿坝液化流动变形措施的作用效果分析

从前面分析结果可知，尾矿坝应重点防范坝基土层液化而导致坝体整体性滑移，其次是防止上游库内大量尾矿的液化，推动坝壳外移。目前抑制砂土液化流动变形的措施主要有两类：(1)通过提高砂土本身的抗液化强度；(2)采取有效措施，增加附属结构以阻止液化砂土的流动。图 5.13、图 5.14、图 5.15 是工况 1 分别在下游坡修筑反压体、在上游增设稳定柱和降低浸润线后的水平位移等值线图，可见较加固前的液化流动变形显著减小。在坝体外坡施加反压体，以达到防止液化尾矿料推动坝壳向下游流动的目的；在上游增设稳定柱，增强周围土体的强度和坝体排水功能，降低水位线，同时能阻挡库内液化尾矿料的流动；降低浸润线，增大坝体非饱和区，有利于库体的稳定。比较这三种措施可知，稳定柱施工工艺复杂，成本较高，而在外坡施加反压体相对容易，降低浸润线则更加适用于将要关闭的尾矿库。

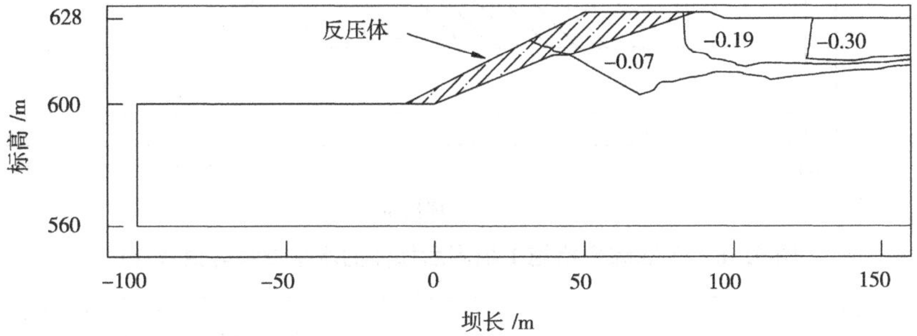

图 5. 13　反压体加固后坝体的水平位移等值线/m

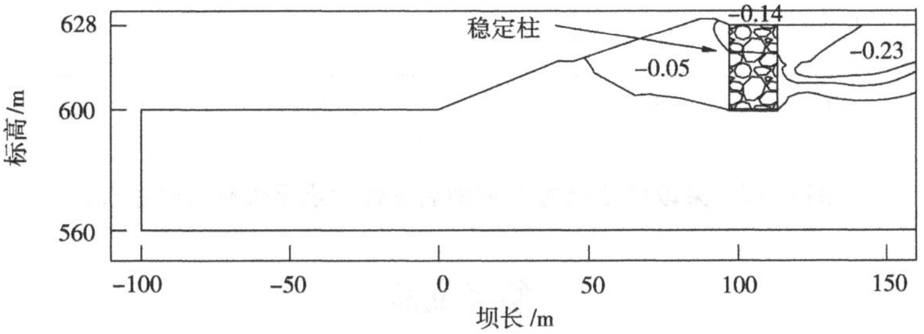

图 5. 14　稳定柱加固后坝体的水平位移等值线/m

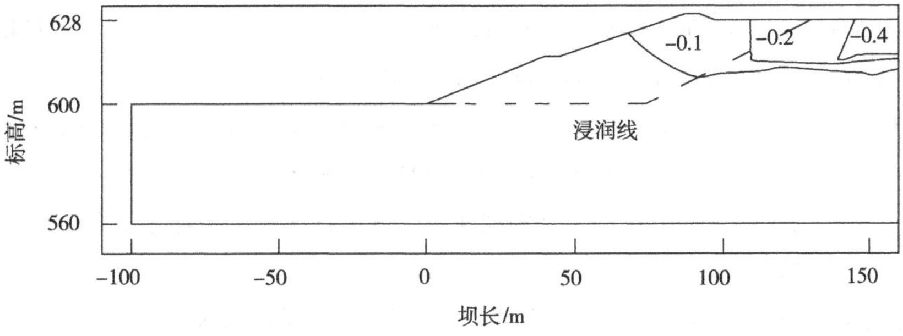

图 5. 15　降低浸润线后坝体的水平位移等值线/m

基于上述分析，本书提出两种综合措施，即在坝基土密实加固，并同时在外坡施加反压体和降低浸润线，作用效果如图 5. 16、图 5. 17 所示，相比图 5. 12，可见采取综合措施后坝体的液化变形显著减小。

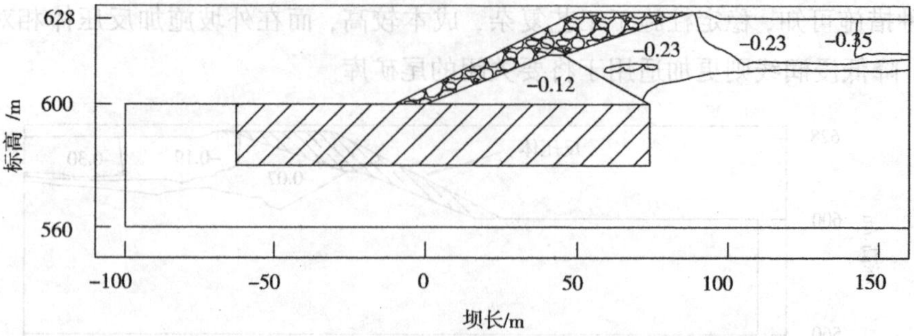

图 5.16　采取综合措施 1 加固后坝体的水平位移等值线/m

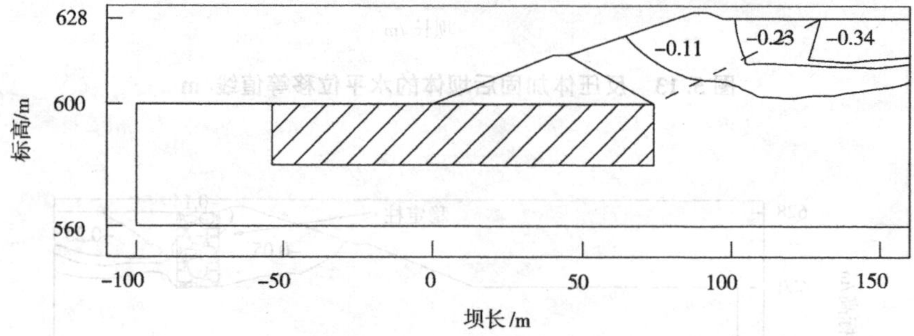

图 5.17　采取综合措施 2 加固后坝体的水平位移等值线/m

参考文献

[1] Seed H B, Lee K L. Liquefaction of saturated sands during cyclic loading[J]. Journal of the Soil Mechanics and Foundation Engineering Division, ASCE, 1966, 92(6): 105-134.

[2] Ishihara K. Post-earthquake failure of a tailings dam due to liquefaction of the pond deposit [C]. International Conference on Case Histories in Geotechnical Engineering, Stolouis, Geotechnical Engineering, 1984(3): 1129-1143.

[3] 刘汉龙，周云东，高玉峰. 砂土地震液化后大变形特性试验研究[J]. 岩土工程学报，2002，24(2)：142-146.

[4] 张建民，王刚. 砂土液化后大变形的机理[J]. 岩土工程学报，2006，28(7)：835-840.

[5] 徐斌，孔宪京，邹德高，等. 饱和砂粒料液化后应力与应变特性试验研究[J]. 岩土工程学报，2007，29(1)：103-106.

[6] ALID 研究会. 2 次元液化流动解析说明书(Analysis for Liquefaction - Induced Deformation)[Z]，2005.

[7] Ishihara K. Liquefaction and flow failure during earthquakes[J]. Geotechnique, 1993, 43(3):

351-415.
[8] Hamada M, Towhata I, Yasuda S, et al. Study on permanent ground displacement induced by seismic liquefaction[J]. Computers and Geotechnics, 1987(4): 197-220.
[9] Youd T L, Perkins D M. Mapping of liquefaction severity index[J]. Journal of Geotechnical Engineering, ASCE, 1987, 113(11): 1374-1392.
[10] Bartlett S F, Youd T L. Empirical prediction of lateral spread displacement[J]. Journal of Geotechnical Engineering, ASCE, 1995, 121(4): 316-329.
[11] Chiru-Danzer M, Juang C H, Christopher R A, et al. Estimation of liquefaction-induced horizontal displacements using artificial neural networks[J]. Canadian Geotechnical Journal, 2001, 38: 200-207.
[12] 刘勇健. 人工神经网络原理在建筑物震陷预测中的应用[J]. 地震研究, 2001, 24(3): 262-266.
[13] 佘跃心, 刘汉龙, 高玉峰. 地震诱发的侧向水平位移神经网络预测模型[J]. 世界地震工程, 2003, 19(1): 96-101.
[14] Javadi A A, Rezania M, Nezhad M M. Evaluation of liquefaction induced lateral displacements using genetic programming[J]. Computers and Geotechinics, 2006, 33: 222-233.
[15] 周云东. 地震液化引起的地面大变形试验研究[D]. 南京: 河海大学, 2003.
[16] Uzuoka R, Yashima A, Kawakami T, et al. Fluid dynamics based prediction of liquefaction-induced lateral spreading[J]. Computers and Geotechnics, 1998, 22(3): 243-282.
[17] Hadush S, Yashima A, Uzuoka R. Importance of viscous fluid characteristics in liquefaction-induced lateral spreading analysis[J]. Computers and Geotechnics, 2000, 27(3): 199-224.
[18] Towhata I, Sasaki Y, Tokida K I, et al. Prediction of permanent displacement of liquefied ground by means of minimum energy principle[J]. Soils and Foundations, 1992, 32(3): 97-116.
[19] Shamoto Y, Zhang J M, Goto S, et al. A new approach to evaluate the post-liquefaction permanent deformation in saturated sand[C]. Proceeding of 11th World Conference on Earthquake Engineering, Acapulco, Mexico, 1996.
[20] Shamoto Y, Zhang J M, Tokimatsu K. Methods for evaluating residual post-liquefaction ground settlement and horizontal displacement[J]. Soils and Foundations, Special Issue on Geotechnical Aspects of the January 17 1995 Hyogo-ken Nambu Earthquake, 1998, 38(2): 69-84.

[21] 张建民. 地震液化后地基大变形的实用预测方法[C]//第八届土力学及岩土工程学术会议论文集. 北京：万国学术出版社，1999：573-576.

[22] 王刚. 砂土液化后大变形的物理机制与本构模型研究[D]. 北京：清华大学，2005.

[23] Yasuda S，Yoshida N，Masuda T，et al. Stress - strain relationships of liquefied sands [C]. Earthquake Geotechnical Engineering，Rotterdam：Balkema，1995：811-816.

[24] Yasuda S，Yoshida N，Kiku H，et al. A simplified method to evaluate liquefaction-induced deformation [C]. Earthquake Geotechnical Engineering，Rotterdam：Balkema，1999：555-560.

[25] Yasuda S，Ideno T，Sakurai Y. Analyses for liquefaction-induced settlement of river levees by ALID[C]. Proceeding of the 12th Asian Regional Conference on Soil Mecanics & Geotechnical Engineering，Singapore：World Scientific Publishing，2003：347-350.

[26] 阮元成，郭新. 饱和尾矿料动力变形特性的试验研究[J]. 水利学报，2003，34(4)：24-29.

[27] 阮元成，郭新. 饱和尾矿料静、动强度特性的试验研究[J]. 水利学报，2004，35(1)：67-73.

[28] 陈敬松，张家生，孙希望. 饱和尾矿砂动强度特性试验结果与分析[J]. 水利学报，2006，37(5)：603-607.

[29] 金晓媚，王余庆. 尾矿土振动液化参数[C]//第四届全国土动力学学术会议论文集. 杭州：浙江大学出版社，1994.

[30] 张超，杨春和，白世伟. 尾矿料的动力特性试验研究[J]. 岩土力学，2006，27(1)：35-40.

[31] Ishihara K，Troncoso J，Kawase Y，et al. Cyclic strength characteristics of tailings materials [J]. Soils and Foundations，1980，20(4)：127-142.

[32] Garga V K，Mchay L D. Cyclic triaxial strength of mine tailings[J]. Journal of Geotechnical Engineering，1984，110(8)：1091-1105.

[33] Troncoso J H. Critical state of tailings silty sands for earthquake loadings[J]. Soils Dynamics and Earthquake Engineering，1986，5(3)：248-252.

[34] Wijewickreme D，Sanin M V，Greenaway G R. Cyclic shear response of fine-grained mine tailings[J]. Canadian Geotechnical Journal，2005，42(12)：1408-1421.

[35] 徐宏达. 不同固结度尾矿泥动强度的试验和推求[J]. 中国矿山工程，2004，33(5)：26-29.

[36] 邹德高，孔宪京. GEOtechnical DYnamic Nonlinear Analysis-GEODYNA 使用说明[Z]. 大连：大连理工大学土木水利学院工程抗震研究所.

第 6 章

尾矿坝地震液化侧移与溃坝流滑冲击效应分析

6.1 尾矿坝地震液化侧向位移分析方法及应用

从结构抗震安全角度而言，真正对结构安全性起控制作用的是变形，而非强度问题。基于性态抗震设计的思想，即以位移为准则来衡量岩土构筑物的抗震性能在近年来逐渐成为一种发展趋势，这种方法主要考虑构筑物在地震中发生的位移量，以此来进行抗震设计[1]。从变形的角度考虑，土工构筑物地震破坏模式大致可分成两大类：一类是有限地震位移，例如几十厘米，未危及构筑物结构安全；另一类是完全整体性破坏，例如液化流滑破坏，将导致灾难性后果[2]。国内外学者关于地震液化侧向位移分析方法问题进行了一些研究，如郑晴晴等[3]采用蒙特卡洛方法模拟地震液化场地参数的随机性，建立对区域性地震液化侧向变形超过指定阈值的概率预测模型。Hamada 等[4]基于震害数据分析，提出以液化土层厚度和斜坡坡度为参数的液化侧向位移计算公式。Zhang 等[5]对饱和砂土最大剪切应变随深度进行积分，得到位移指数，并结合坡体的几何参数提出液化侧向位移的经验公式。Khoshnevisan 等[6]使用最大概率方法分析 Canterbury 地震中的实测数据，提出一种液化侧向位移概率预测模型。

尾矿坝同碾压土石坝相比，堆筑材料相对疏松，而且采用上游式筑坝时，大部分坝体处于饱和状态，地震液化破坏是典型灾害现象，因此，如何准确评判其地震液化位移是国内外工程抗震研究关注的难题[7-9]。但是，目前关于尾矿坝地震液化变形的研究，主要是局限于复杂的数值分析，而简化实用的分析方法尚少见。本书结合尾矿坝工程结构特点，建立地震液化侧向位移分析方法；对堤坝震害实例数据进行分析与归纳，提出尾矿坝地震位移破坏标准，并进行实例应用，为基于位移准则进行尾矿坝抗震设计及防灾减灾决策提供支持。

6.1.1 地震液化侧向位移分析方法

6.1.1.1 液化敏感性分析

首先判断土体单元是否处于剪缩状态，即判断不排水应变软化和流滑的可能性。Seed 教授以落锤传递到钻杆上理论能量的 60% 和上覆有效应力为 100 kPa 时的 SPT 值为修正标准贯入击数$(N_1)_{60}$。基于$(N_1)_{60}$与上覆有效应力之间的关系判断液化敏感性，将其区分为剪缩和剪胀，如图 6.1 所示[10]。液化敏感性分析涉及两个假定，即：

(1)土体呈现剪胀行为，说明砂土不可能液化，因而无须进行液化评价；

(2)土体呈现剪缩行为，土体很可能液化，则有必要进一步液化评价及液化后变形与稳定分析。

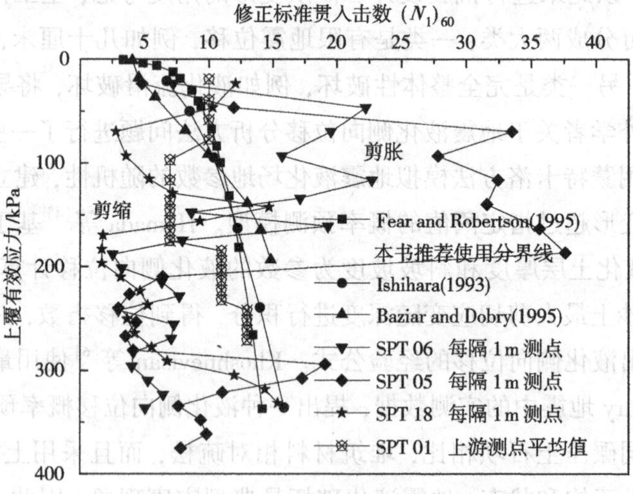

图 6.1 基于标准贯入击数区分剪缩与剪胀

在具体工程应用时，$(N_1)_{60}$ 与上覆有效应力一同画在图 6.1 中，如 SPT 01、SPT 05、SPT 06 和 SPT 18 分别为书中实例标准贯入测试数据，可见部分处于剪胀区的测点，无须进一步液化评价。

6.1.1.2 液化评价

对于中小型尾矿坝，在较低地震烈度液化分析时，建议采用基于 Seed 简化法的地震作用应力比，见式(4.55)。

尾矿坝抗液化能力受很多因素影响，为了简化计算，主要考虑中值粒径、相对密度、静剪应力比和地震震级的影响，建议抗液化应力比 R 按式(4.58)计算。

相对密度(D_r)可以根据修正标准贯入击数确定[5]

$$D_r = 14 \cdot \sqrt{(N_1)_{60}} \qquad (N_1)_{60} \leqslant 42 \tag{6.1}$$

传统的设计原则是抗液化应力比不小于地震作用应力比，尾矿坝抗液化安全系数定义为 R 与 L 的比值，即按式(4.59)计算，用以判断其是否发生液化。

6.1.1.3 液化侧向位移分析

根据震害调查数据，归纳出斜坡液化侧向位移计算公式[5]。结合尾矿坝工程结构的实际情况，对于上游坝坡，地震液化侧向位移为

$$L_D = (K+0.2) \cdot LDI \tag{6.2}$$

对于下游坝坡，地震液化侧向位移为

$$L_D = 6 \cdot (L/H)^{-0.8} \cdot LDI \tag{6.3}$$

式中：H 为分析土柱的高度(m)；L 为外坡底至分析土柱的水平距离(m)；K 为坝上游坡度，如图 6.2 所示。液化侧向位移指数(LDI)是土柱不同深度最大剪切应变的积分值，定义为

$$LDI = \sum_{i=1}^{N} \gamma_{\max,i} \cdot \Delta z_i \cdot IND_i \tag{6.4}$$

式中：$\gamma_{\max,i}$ 为第 i 层土的最大剪切应变值；Δz_i 为第 i 液化土层厚度(m)；IND_i 是液化指标，当第 i 层土液化时，$IND_i=1$，当第 i 层土非液化时，$IND_i=0$。

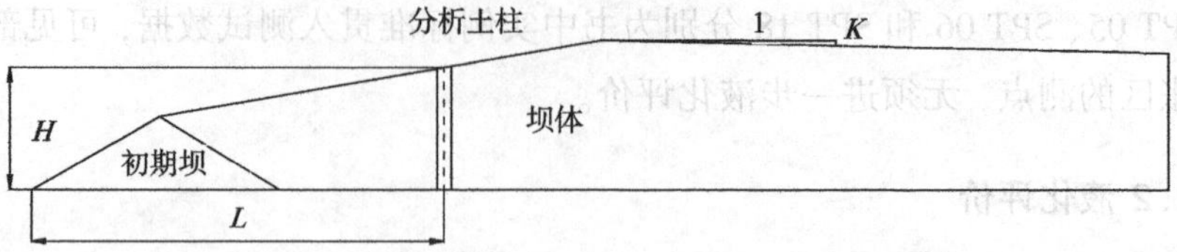

图 6.2　地震液化侧向位移分析结构参数示意(L、H 和 K)

Ishihara 等基于不同相对密度(D_r)干净砂子的试验结果，绘制了抗液化安全系数(F_L)与最大剪切应变(γ_{max})之间的关系图，如图 6.3 所示[6, 11]。

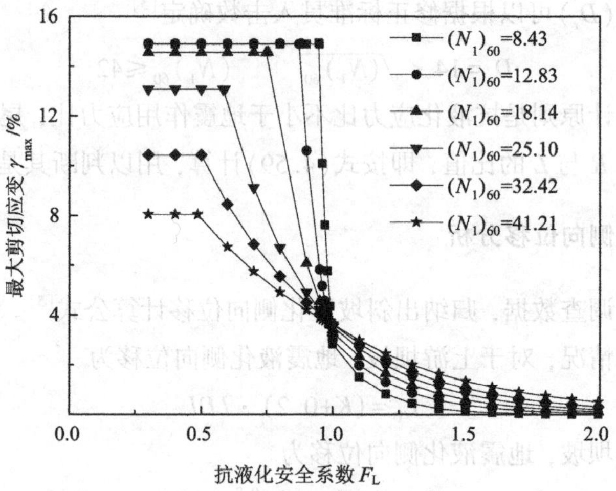

图 6.3　最大剪切应变与抗液化安全系数的关系

对图 6.3 进行数值拟合，结果可用式(6.5)表达

$$\gamma_{max}=\exp\left[p\cdot F_L+q\right] \tag{6.5}$$

式中：p 和 q 分别按式(6.6)、式(6.7)、式(6.8)、式(6.9)计算，图 6.3 中最大剪切应变的极限值(即水平段)按式(6.10)计算，实际计算中最大剪切应变取两者中的小值。

当 $F_L \geqslant 1.0$ 时，

$$p=-1.246T^3+4.421T^2-6.626T+0.378 \tag{6.6}$$

$$q=1.380T^3-4.969T^2+7.127T+0.784 \tag{6.7}$$

当 $F_L<1.0$ 时，

$$p=-3.560T^3+4.08T^2-4.039T-0.122 \tag{6.8}$$

$$q=3.737T^3-4.767T^2+4.743T+1.198 \tag{6.9}$$

极限剪切应变为

$$\gamma_{\max,\ \text{peak}}=-2.031\ T^{-5}+13.508\ T^{-4}-29.825\ T^{-3}+23.422\ T^{-2}-6.789\ T^{-1}+15.401 \tag{6.10}$$

参数 T 按式(6.11)定义

$$T=\frac{100}{10^{\{[14\sqrt{(N_1)_{60}}+85]/76\}}} \tag{6.11}$$

6.1.1.4 坝体破坏标准

经受地震的尾矿坝，出现不同程度损伤是难免的，只要不危及坝体的整体安全且可修复，这种损伤应该是可以接受的[12]。但迄今为止，国内外对于尾矿坝损伤到何种程度是可以接受的，即尾矿坝的地震安全标准尚没有明确的规定，造成目前尾矿坝的地震安全评价标准不明。因此，基于堤坝震害调查资料，深入研究尾矿坝地震安全控制标准显得十分必要。

众多震害实例表明，尾矿坝地震液化溃坝属于大变形破坏，所以如何界定液化位移的破坏标准是非常困难的。笔者从文献中收集到一些中小型坝堤震害数据，对其进行分析与归纳，见表 6.1。有些堤坝在地震中发生有限液化变形，而有些却完全发生整体性的液化破坏。对第一种情况能够通过震后调查获知液化侧向位移的大小，而对第二种情况则很难了解其极限液化位移值，这时可以根据震后一些学者的数值分析结果加以推测，估计发生整体性破坏时的极限液化位移值。

尽管表 6.1 中统计的实例较少，但从表中数据可见，对中小型尾矿坝而言，由地震液化引起而未发生整体性破坏的(竖直和水平)位移极限值(即破坏标准)为 2.0 m。可用该极限位移值区分尾矿坝地震液化发生的是局部有限变形还是整体性破坏。

表 6.1　堤坝地震液化位移实例分析

坝体名称	震级 M	建造时间 /a	高度 /m	最大加速度/g	位移/m		实际震害描述
					水平	竖直	
Upper San Fernando dam (1971)[13]	6.6	1968	23.0	0.55~0.60	1.60	0.90	上游坝坡滑移，未整体失稳
Kayakari tailings dam(2011)[14]	9.0	1951—1966	21.0	0.28	2.20 (有限元)		整体流滑破坏
大石河尾矿坝 (1976)[15]	7.8	1959—1976	48.0	0.12	0.10~0.20		喷水冒砂，坝坡出现裂缝，未整体失稳
Mochikoshi tailings dam (1978)[16]	7.0	1964—1978	28.0	0.15	4.67 (有限元)		整体流滑破坏
Railway embankment (1988)[17]	6.8		7.5	1.00	2.00	3.00	整体流滑破坏
Chang dam (2001)[18]	7.6	1959	15.5	0.50	7.10	4.30	喷水冒砂，整体破坏
Tapar dam (2001)[18]	7.6	1976	15.5	0.41	0.60	0.50	喷水冒砂，上游坝坡出现裂缝，未整体失稳

6.1.2　工程实例分析

针对上述提出的尾矿坝地震液化侧向位移分析方法，从已有文献中获得两个工程实例，对其进行分析，以验证方法的可行性。

6.1.2.1 实例 1

大石河尾矿坝位于唐山地区迁安市境内，始建于 20 世纪 60 年代初，设计最终标高为 132 m，库容 3600 万 m^3，为我国早期建造的一座典型的上游式尾砂堆积坝。1976 年，尾矿坝标高达到 124.3 m，唐山 7.8 级($N_e=18$)大地震时，坝区的烈度为 7.5 度($k_h=0.15g$)。震害调查发现，库区水面附近滩面发生喷砂冒水，尾砂沉积滩面向库区移动；分析表明下游未发生液化，坝体整体保持稳定，主坝剖面如图 6.4 所示[19]。尾矿坝上游滩长为 300 m，上游坡度 $K=0.02761$。尾矿天然容重 $\gamma=19.4$ kN/m^3，浮容重为$\gamma'=9.6$ kN/m^3，现场勘察、室内测试及地震液化侧向位移分析结果见表 6.2。

现场勘察是在 1990 年进行的，此时坝体已加高到 70 m，本例分析的土柱位于干滩中间位置，取上部 21 m 的勘测数据，且$(N_1)_{60}$为上游所有勘测点的平均值。计算的液化侧向位移为 0.13 m，位于现场观测值的区间(0.1～0.2 m)内，这说明取得较好的评价效果[15]。

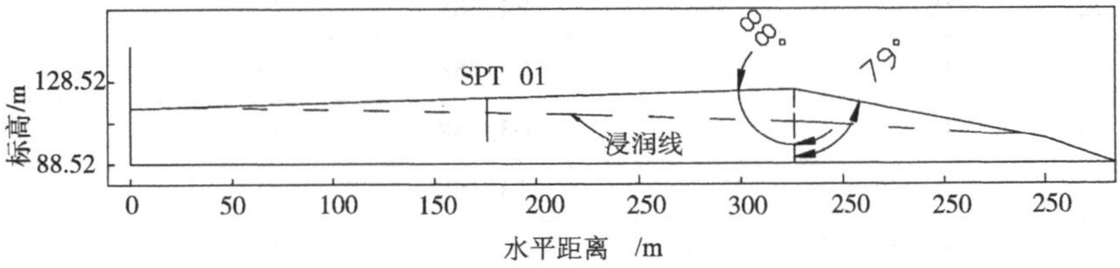

图 6.4　大石河尾矿坝主剖面

6.1.2.2 实例 2

巴西 Corrego do Feijao 尾矿坝始建于 1976 年，经上游式填筑而成，尾矿库目前标高为 929.6 m，坝体主剖面如图 6.5 所示[20]。滩长为 148.82 m，上游坡度 $K=0.01720$。尾矿天然容重 $\gamma=23.3$ kN/m^3，浮容重$\gamma'=13.5$ kN/m^3，有效内摩擦角 $\varphi'=40°$，现场勘察、室内测试结果见表 6.3。依据构筑物抗震设防的要求，拟定震级为 7.5 级($N_e=15$)，设防烈度为 7.5 度($k_h=0.15g$)。根据现场勘察资料，分别在上、下游坝坡选择 3 处勘测点为分析土柱点，如图 6.5 所示，依据本书计算方法进行分析，结果见表6.3。

表6.2 大石河尾矿坝现场勘察、室内测试及液化侧向位移分析结果

深度/m	SPT 01, L_D = 0.12569 m				
	d_{50}	φ'/(°)	σ'_V/kPa	$(N_1)_{60}$	LDI
1	0.190	37.3	19.4	10	
2	0.190	37.3	38.8	10	
3	0.190	37.3	58.2	10	
4	0.190	37.3	77.6	10	
5	0.190	37.3	97	7	
6	0.190	37.3	116.4	7	
7	0.190	37.3	135.8	7	
8	0.094	36	145.988	7	0.55221
9	0.094	36	155.588	7	0.44556
10	0.094	36	165.188	7	0.29704
11	0.094	36	174.788	7	0.14852
12	0.094	36	184.388	11	
13	0.094	36	193.988	11	
14	0.047	37.3	203.588	11	
15	0.047	37.3	213.188	11	
16	0.047	37.3	222.788	11	
17	0.047	37.3	232.388	11	
18	0.047	37.3	241.988	13	
19	0.047	37.3	251.588	13	
20	0.047	37.3	261.188	13	
21	0.047	37.3	270.788	13	

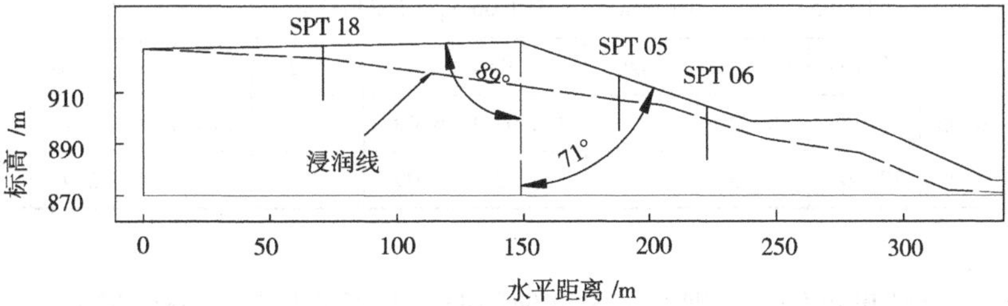

图 6.5　Corrego do Feijao 尾矿坝主剖面

表 6.3　Corrego do Feijao 尾矿坝现场勘察、室内测试及液化侧向位移分析结果

深度	d_{50}	SPT 05, L_D = 1.71626 m			SPT 06, L_D = 1.83037 m			SPT 18, L_D = 0.35295 m		
/m		σ'_V/kPa	$(N_1)_{60}$	*LDI*	σ'_V/kPa	$(N_1)_{60}$	*LDI*	σ'_V/kPa	$(N_1)_{60}$	*LDI*
1	0.20	23.30	4.83		23.30	7.25		23.3	12.1	
2	0.20	46.60	11.96		46.60	22.22		46.6	10.3	
3	0.20	69.90	33.49		69.90	19.54		69.9	2.8	1.62499
4	0.20	93.20	27.79		93.20	15.71		93.2	3.6	1.47743
5	0.20	116.50	32.43		116.50	22.70		115.52	5.4	1.32975
6	0.15	139.80	31.57		133.92	17.14		129.02	7.2	
7	0.15	163.10	35.63		147.42	8.65		142.52	14.7	
8	0.15	186.40	37.60		160.92	19.31		156.02	9.3	
9	0.15	209.70	6.45		174.42	7.95	0.80616	169.52	1.8	1.18166
10	0.15	226.43	3.88	0.73862	187.92	2.55	0.65740	183.02	1.7	1.03414
11	0.15	239.93	3.01	0.59089	201.42	3.29	0.50986	196.52	1.7	0.88662
12	0.15	253.43	4.40	0.44330	214.92	6.37	0.36223	210.02	3.2	0.73910
13	0.15	266.93	3.57	0.29546	228.42	7.72	0.21388	223.52	4.7	0.59149
14	0.15	280.43	4.18	0.14779	241.92	3.00	0.14759	237.02	5.3	0.44358
15	0.15	293.93	19.10		255.42	7.30		250.52	3.7	0.29552
16	0.15	307.43	17.30		268.92	7.11		264.02	4.3	0.14782
17	0.05	320.93	11.07		282.42	4.17		277.52	5.6	
18	0.05	334.43	7.66		295.92	4.07		291.02	6.8	
19	0.05	347.93	9.38		309.42	5.31		304.52	12.0	

续表6.3

深度/m	d_{50}	SPT 05, $L_D=1.71626$ m			SPT 06, $L_D=1.83037$ m			SPT 18, $L_D=0.35295$ m		
		σ'_V/kPa	$(N_1)_{60}$	*LDI*	σ'_V/kPa	$(N_1)_{60}$	*LDI*	σ'_V/kPa	$(N_1)_{60}$	*LDI*
20	0.05	361.43	9.82		322.92	6.49		318.02	14.4	
21	0.05	374.93	7.83		336.42	5.09		331.52	15.4	

从计算结果可知，该坝在7.5度地震时，上下游坝体部分区域发生液化并有侧向位移发生，其中SPT 06测点液化深度达到6 m，液化侧向位移为1.83 m。依据本书提出的坝体整体破坏判别标准，说明存在较大的液化侧移风险，但不至于发生整体性破坏。主管部门仍应重视尾矿坝安全设施的维护，采取有效措施，如降低浸润线高度等，以提高坝体的地震安全性。

6.2 基于SPH算法尾砂流滑冲击效应数值分析

大多数尾矿坝依山而建，下游不乏重要建构筑物、交通要道和河流等，一旦溃坝，所造成的危害将是灾难性的[21]。因此，尾矿溃坝已成为矿山防灾减灾的重要课题，深入研究尾砂流滑运移特征及溃决尾砂对下游构筑物的冲击效应，具有重要的现实意义[22]。

尾矿坝溃决属瞬时大变形问题，如何借助计算机技术对溃坝进行模拟分析，已成为研究热点。光滑粒子流体动力学(smoothed particle hydrodynamics, SPH)是一种无网格粒子法算法，该方法摆脱了有限元法(finite element method, FEM)对网格的依赖，前处理过程也比FEM更为简单；另一方面，SPH算法与FEM等方法耦合使用，能有效处理土工大变形和具有流滑特征的动态响应问题，在数值模拟分析过程中能充分发挥各自的优势[23]。例如：HUANG Yu等[24]借助SPH算法，分析了汶川地震中山体滑坡泥石流灾害的评估方法和运移规律；王维国等[25]利用SPH-FEM耦合方法模拟了湿砂场地爆炸成坑效应；胡嫚等[26]运用SPH算法研究了滑坡失稳破坏后的发展过程和影响范围。

鉴于此，笔者将针对尾矿库溃坝事故的特点，基于SPH算法，建立尾砂流滑冲击数值模型，模拟溃决尾砂流的运移过程，并研究尾砂流对下游构筑物的冲击效应，以期为及早预警和科学地指导防灾减灾工作提供技术依据。

6.2.1 理论基础

6.2.1.1 SPH 基本原理

对于连续流体的运动，通过大量包含质量、动量以及能量的粒子能够准确地模拟。若使用光滑函数 $W(x-x', h)$ 表示核函数，则函数 $f(x)$ 表示为[27]

$$f(x) = \int_{\Omega} f(x') W(x - x', h) \mathrm{d}x' \tag{6.12}$$

式中：h 为光滑长度，Ω 表示求解域，$f(x)$ 为任意空间变量 x 的函数。

初始插值点的分布并不是随机的，而是在初始值取定后随流体的运动而不断改变，进一步将连续 SPH 积分式(6.12)离散成粒子形式

$$f(x) = \sum_{j=1}^{N} \frac{m_j}{\rho_j} f(x_j) W_{ij} \tag{6.13}$$

式中：i 和 j 表示粒子，m_j 和 ρ_j 分别为粒子 j 的质量和密度。

选择三次样条插值核函数三维形式，具体的 W_{ij} 表达式为[28]

$$W(R, h) = \frac{3}{2\pi h^3} \times \begin{cases} \dfrac{2}{3} - R^2 + \dfrac{1}{2} R^3, & 0 \leqslant R < 1 \\ \dfrac{1}{6}(2-R)^3, & 1 \leqslant R < 2 \\ 0, & R \geqslant 2 \end{cases} \tag{6.14}$$

式中：$R = r/h$ 为粒子间相对位移，$r = |x_i - x_j|$ 为粒子间距。光滑长度 h 用于控制粒子 j 的影响域，即 $2h$ 半径范围内的受影响粒子个数，如图 6.6 所示。为了保证插值计算的精确性和粒子间关联性，必须保证光滑长度 h 大于粒子间距 d_0，通常为节省计算成本，选取最小值 $h = 1.05d_0$[29]。

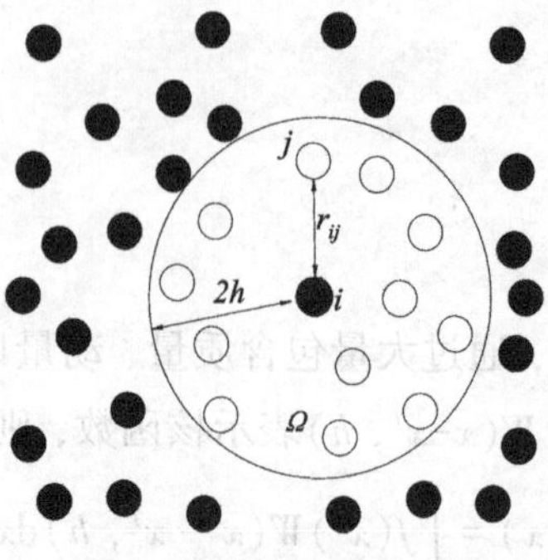

图 6.6　待评价粒子 i 的计算影响域 Ω

6.2.1.2 控制方程

溃决尾砂在物理力学性质及运动机理方面满足高含砂水流的基本控制方程，具有均质连续不可压缩的黏性非牛顿流体特性[30]。高速运动时尾砂颗粒间的黏着力相比于所受重力及浆体间黏滞阻力可以忽略，同时把尾砂颗粒和水组成的混合物视为均匀连续不可压缩的宾汉姆流体，可以得到描述黏性泥石流连续运动的拉格朗日控制方程。在计算流体动力学(CFD)中，为进一步使控制方程与 SPH 光滑核函数良好关联，控制式被近似离散成拉格朗日形式的 N-S 方程，满足质量、动量和能量守恒[27]，即

$$
\begin{cases}
\dfrac{\mathrm{d}\rho_i}{\mathrm{d}t} = \sum\limits_{j=1}^{N} m_j u_{ij}^{\beta} \dfrac{\partial W_{ij}}{\partial x_i^{\beta}} \\
\dfrac{\mathrm{d}u_i^{\alpha}}{\mathrm{d}t} = -\sum\limits_{j=1}^{N} m_j \left(\dfrac{P_i}{\rho_i^2} + \dfrac{P_j}{\rho_j^2} + \Pi_{ij} \right) \dfrac{\partial W_{ij}}{\partial x_i^{\beta}} - g \\
\dfrac{\mathrm{d}e_i}{\mathrm{d}t} = \dfrac{1}{2} \sum\limits_{j=1}^{N} m_j \left(\dfrac{P_i}{\rho_i^2} + \dfrac{P_j}{\rho_j^2} + \Pi_{ij} \right) u_{ij}^{\beta} \dfrac{\partial W_{ij}}{\partial x_i^{\beta}} + \dfrac{\mu_i}{2\rho_i} \varepsilon_i^{\alpha\beta} \varepsilon_j^{\alpha\beta}
\end{cases}
\tag{6.15}
$$

式中：重力加速度 $g = 9.8\ \mathrm{m \cdot s^{-2}}$，$\alpha$、$\beta$ 为求解模型的维度，e 表示某应力单元能量，u 为速度矢量，ε 表示流体粒子间的剪切应变速率，P_i 和 P_j 分别为粒子 i 和 j 所受压力，m_j 是粒子质量。考虑模拟溃坝流体与固壁面的撞击，固液耦合接触存在阻力影响，为提高数值计算的稳定性，在动量守恒和能量守恒方程中引入了人工黏度 Π_{ij}，具体见式(6.16)[31]。

$$\Pi_{ij}=\begin{cases}(-\alpha_{\Pi}\bar{c}_{ij}\varphi_{ij}+\beta_{\Pi}\varphi_{ij}^{2})\sqrt{\rho_{ij}}, & u_{ij}\cdot r_{ij}<0\\ 0, & u_{ij}\cdot r_{ij}\geqslant 0\end{cases} \tag{6.16}$$

式中：$\varphi_{ij}=\dfrac{hu_{ij}r_{ij}}{|r_{ij}|^{2}+0.01h^{2}}$，$\bar{c}_{ij}=\dfrac{c_i+c_j}{2}$，$c=\sqrt{200gH}$，$\bar{\rho}_{ij}=\dfrac{\rho_i+\rho_j}{2}$。

为避免粒子间距过小出现计算结果溢出，选取参数 $\varphi^2=0.01h^2$。α_{Π} 和 β_{Π} 均为常数，α_{Π} 主要控制剪切和体积黏度，β_{Π} 则避免了高马赫时容易出现的数值震荡，通常 α_{Π} 和 β_{Π} 分别选取默认值 1.0 和 2.0，c 为计算的人工音速值，H 为溃坝流体下落高度，最终计算时间步长确定为 $\Delta t\leqslant 0.25h/c$。

6.2.1.3 边界条件处理

在 SPH 算法中，常用离散化的粒子构成固壁边界与流体粒子接触。本书采用边界粒子法[32]，固壁边界完全由排列的边界粒子组成，形成一个阻水壁面。设定边界粒子位移为 0，当边界粒子与流体粒子一接触，产生一个垂直方向的排斥力，这时流体粒子的速度矢量和粒子间距将发生变化，使得流体粒子分离，此排斥力属于人工黏度的一部分。

6.2.2 尾砂流滑模型试验概述

为探究尾砂流滑对下游构筑物的冲击效应，需做水槽试验。试验装置如图 6.7 所示，其水平段长为 2.3 m，斜坡水平投影长为 2.0 m，高为 0.8 m，护壁高为 0.25 m 的透明玻璃板，宽为 0.35 m。从江西某矿山取得中值粒径为 0.23 mm 的尾砂，槽内尾砂与水的体积比为 2∶3。距离斜坡段 0.20 m 处放置大小为 0.15 m×0.15 m×0.55 m 的长方体素混凝土桩，桩身布设动态压力传感器并连接数据采集仪。在水槽相关断面设置摄像机和测量标尺，用于记录溃决尾砂到达该处的时间和淹没高度。试验时，先将装置调试到需要的位置，然后将相关测试系统归零，并按试验要求调整数码摄像机的角度，再接着用水搅拌均匀的尾砂放至预定高度，最后提升闸门模拟尾砂流滑及对构筑物的冲击。

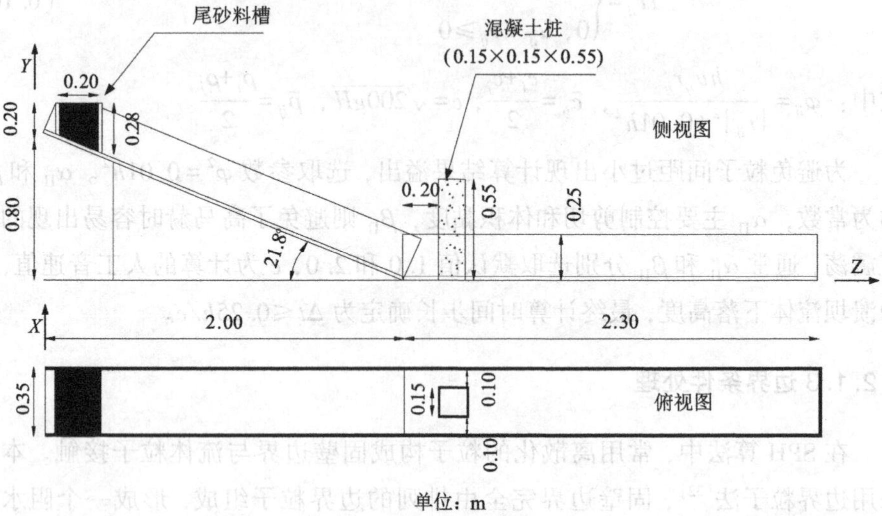

图 6.7　尾砂流滑冲击试验装置示意

6.2.3　建立数值计算模型

模型槽采用开口闸门形式，一旦触发程序，即可在水砂混合体自重作用下滑动。在沟床动摩擦系数为 0.12 和坡度为 21.8°时，模拟尾砂流下滑对下游构筑物的冲击效应。数值模型与物理试验模型保持一致。底板划分为有限元网格，尾砂流采用 SPH 粒子。因为取土现场周边为粉土及重质砂黏土，泥石流流体为黏性阵流，此类泥石流黏度系数为 0.5~2.0 Pa·s，于是数值模型中选取砂流黏度 $\mu=1.0$ Pa·s[33]。在粒子垂降开始后，便涉及 SPH-FEM 的耦合计算，为实现不同尾砂颗粒间各粒子的稳定接触，同样设定粒子与粒子间的接触阻尼系数为 20。插值计算的精确性和粒子间距存在关联性，必须保证光滑长度 h 大于粒子间距 r，同时考虑减小计算成本，选取最小值 $h=1.05r$[29]。此外，因为流体的不可压缩性，取压缩系数为 0。采用边界粒子法完成边界约束[32]，主要通过设置对称平面(BOUNDARY-SPH-SYMMETRY-PLANE)，施加左右 2 层虚粒子边界；在材料接触摩擦部分，借助点面接触(CONTACT-NODES-TO-SURFACE)实现尾砂内摩擦以及与沟床间动摩擦系数的定义。

水砂混合体的流变性指标可根据宾汉姆流体剪应力计算式确定[34]

$$\tau_B = \exp[8.45(C_V/C_M - C_M^{2.2}) + 1.5] \tag{6.17}$$

式中：τ_B 为宾汉流体剪应力($10^{-5}N/cm^2 = 0.1Pa$)；$C_V = 40\%$与 $C_M = 68.9\%$分别为尾砂颗粒体积分数和极限体积分数。通过室内试验测得其他相关的模型计算参数，详见表 6.4。

表 6.4　数值计算基本参数

泥砂流密度 /(kg·m^{-3})	砂流黏度系数 μ/(Pa·s^{-1})	砂流剪切屈服应力/Pa	尾砂杨氏模量 E/(kN·m^{-2})	尾砂内摩擦角 /(°)
1.69×10^3	1.0	1.45	1.6×10^5	26.1
尾砂泊松比 ν	槽内泥砂流粒子总数 N	迭代时间步 D_t/s	粒子影响范围内最大粒子数	终止时间 D_T/s
0.3	12000	4×10^{-4}	850	14.0

6.2.4　计算结果分析

离溃口下游 0.45 m 处，对比溃决开始后数值模拟与模型试验中尾砂的流态，如图 6.8 所示。一旦溃决开始，下泄尾砂流迅速下滑。在模型试验和 SPH 仿真模拟中均出现了山地泥石流具有的“龙头”“龙身”等阵流特征，即 t 为 0.5~1.5 s 时，泥石流以一团集聚的水砂混合物快速前冲，具有很强的冲击破坏能量，此为“龙头”；而 t 为 2.25 s 时，后续砂流分布均匀，泥石流运动较为平缓，此为“龙身”，表明长期高水位运行下的尾砂坝一旦发生失稳破坏，将最终发展为黏性阵流[33]。

溃决尾砂流冲击构筑物时液面的爬升情况如图 6.9 所示，显示“龙头”对构筑物的瞬时冲击作用是十分显著的。t 为 3.5 s 时，龙头撞击构筑物引起了明显水砂粒子飞溅，并且桩前液面深度迅速爬高，达到峰值 30 cm；而 t 为 4.0 s 时，粒子开始下落集聚，稍后“龙身”到达，桩前液面冲击高度降低，并逐渐趋于平缓。将试验结果与 SPH 仿真对比，可见尾砂流冲击构筑物的液面爬升—粒子飞溅—下落集聚—平缓前进等形态基本相似。图 6.10 为桩前液面高度随时间的变化曲线，表明试验结果和数值计算解分别在 3.4 s 和 3.5 s 时，达到液面最大高度 31 cm 和 33 cm，且其他时间点的冲击液面高度契合度也较好，说明 SPH 算法对于尾砂流滑的冲击模拟是可行的。

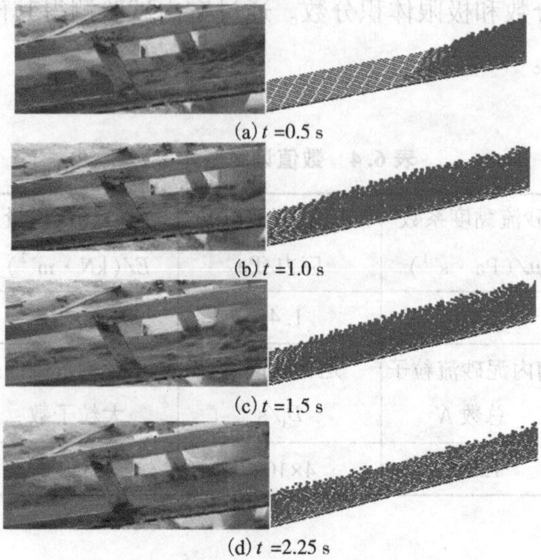

图 6.8　离闸口 0.45 m 处各时刻流态

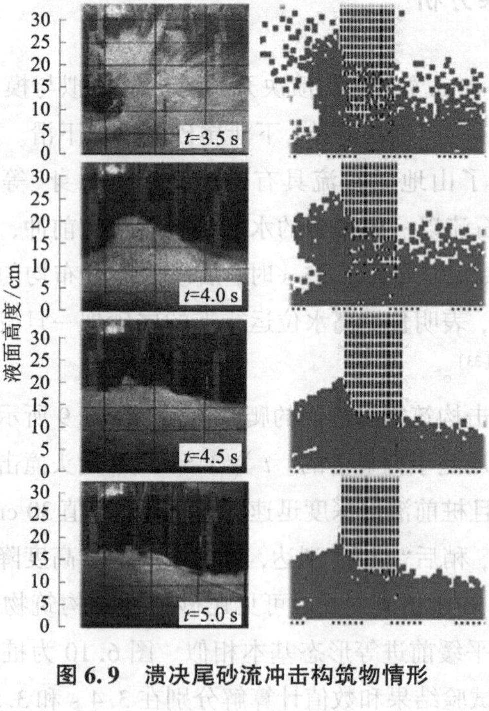

图 6.9　溃决尾砂流冲击构筑物情形

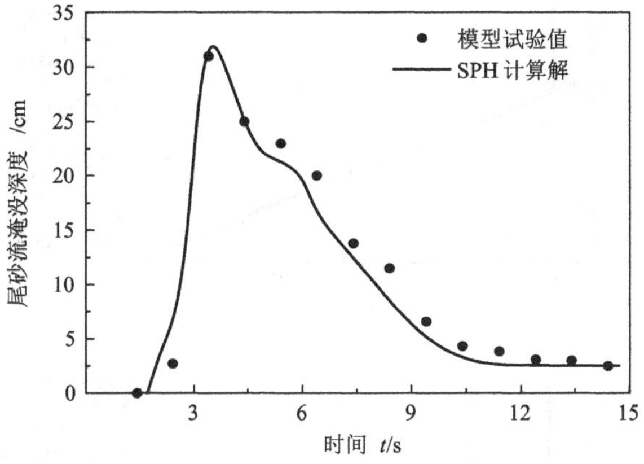

图 6.10　桩前液面深度随时间变化曲线

图 6.11 为不同时刻尾砂流粒子压力大小的分布情况。当 t 为 0 s 时，即闸门打开瞬间对应的粒子排列图，粒子受边界影响明显，出现了不同区块的压力分布，而最大压力接近自重应力大小，说明此时运动还未开始。t 为 0.35 s、0.7 s 和 1.05 s 时，所有粒子基本处在运动状态，粒子内部压力分布越来越均匀。

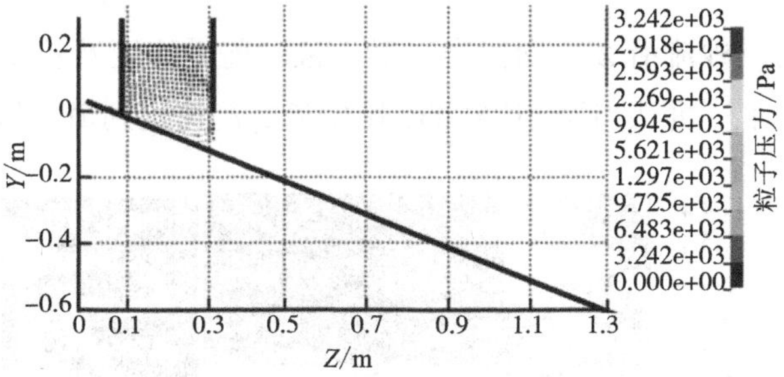

(a) t=0.00 s

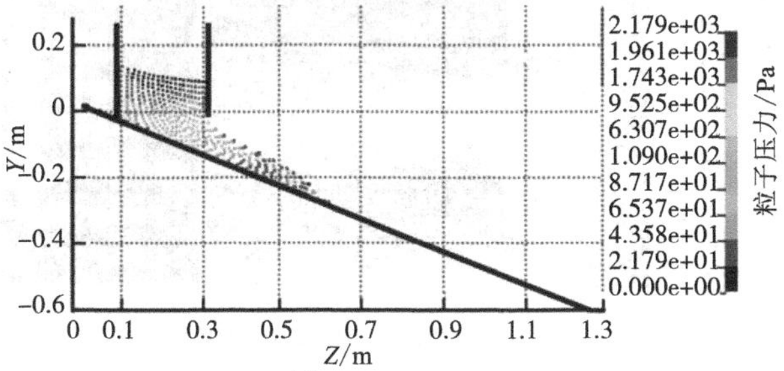

(b) t=0.35 s

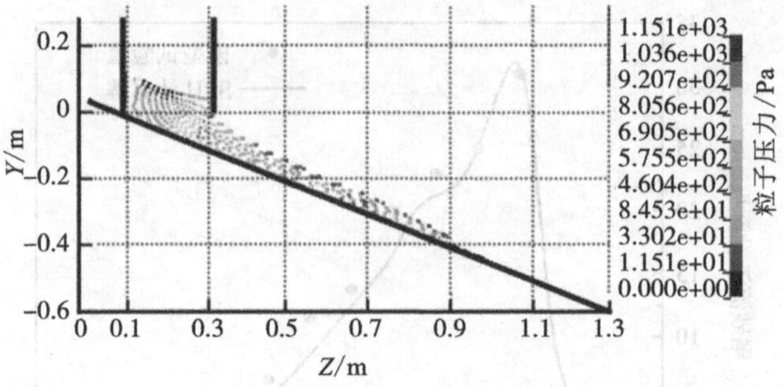

(c) t=0.70 s

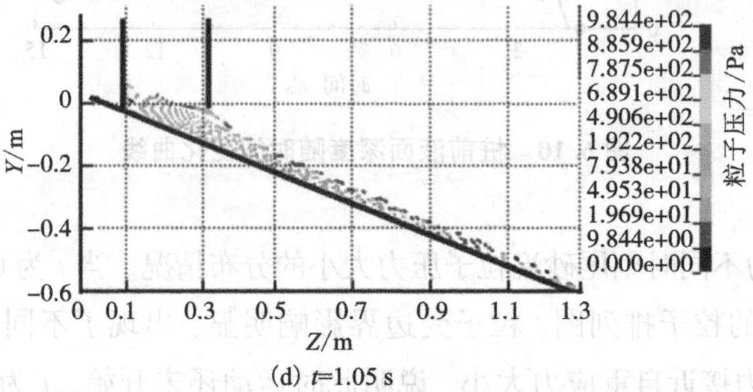

(d) t=1.05 s

图 6.11 开闸后粒子的压力分布

图 6.12 为尾砂流沿 Z 方向撞击混凝土桩时前进速度及粒子绕流的变化情况。t 为 2.8 s 时，"龙头"刚到达底部，尾砂流的流速达到最大值(3.617 m/s)，

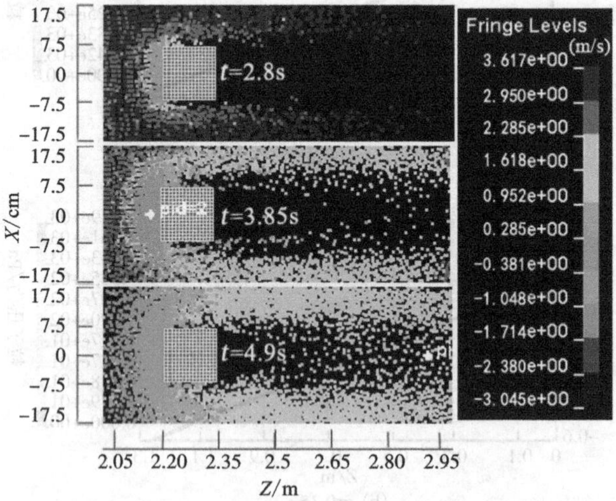

图 6.12 桩前尾砂流演进速度及绕流

桩前粒子由于撞击速度明显减小，而桩后尾砂出现绕流；t 为 3.85 s 时，粒子减速范围扩大，桩前冲击的尾砂粒子出现反向速度，整体前进速度均减慢；t 为 4.9 s 时，“龙身”到达，后续砂流流速基本趋于平稳，Z 方向 2.5 m 处的砂流开始汇聚，且在 2.35~2.5 m 区域出现滞空。

此外，结合桩前尾砂流冲击力时程曲线（见图 6.13）可知，在尾砂流“龙头”撞击时（$t=3\sim4$ s），冲击力达到最大，速度变化绝对值（1.998 m/s，见图 6.12）也达最大，根据速度与冲击应力关系式[35]可估算此时的冲击力变化速率为 6.74 kPa/s；$t=4\sim5$ s 的速度变化绝对值为 1.429 m/s，冲击力变化速率为 3.45 kPa/s；而在“龙身”到达后（$t=5\sim6$ s）的速度差绝对值为 0.635 m/s，对应的冲击力变化速率为 0.68 kPa/s。对比 3 个时段冲击力变化速率的改变趋势，基本能在图 6.13 得到反映，同时这也说明“龙头”冲击构筑物时，瞬时冲击力大，易造成构筑物破坏，为此，尾矿坝距下游建构筑物应留有足够的安全距离。

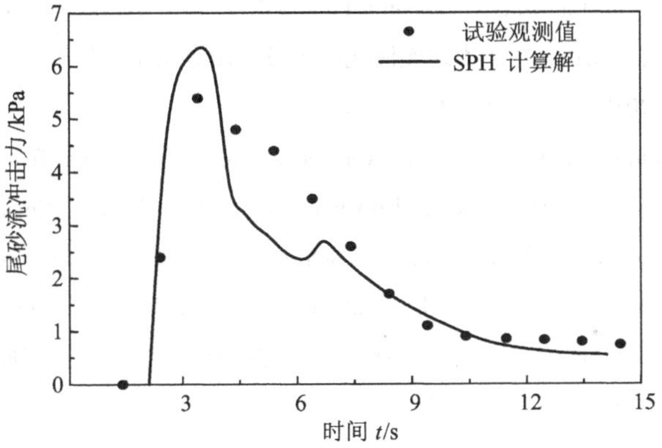

图 6.13　桩前尾砂流冲击力时程曲线

参考文献

[1] Gallage C P K, Towhata I, Nishimura S. Laboratory investigation on rate-dependent properties of sand underloading low confining effective stress[J]. Soils and Foundations, 2005, 45(4): 43-60.

[2] Ishihara K, Yasuda S, Yoshida Y. Liquefaction-induced flow failure of embankments and

residual strength of silty sands[J]. Soils and Foundations, 1990, 30(3): 69-80.

[3] 郑晴晴, 夏唐代, 刘芳. 基于震害调查数据的液化侧向变形预测模型框架[J]. 地震工程学报, 2014, 36(3): 504-509.

[4] Hamada M, Towhata I, Yasuda S, et al. Study on permanent ground displacement induced by seismic liquefaction[J]. Computers & Geotechnics, 1987, 4(4): 197-220.

[5] Zhang G, Robertson P K, Brachman R W I. Estimating liquefaction - induced lateral displacements using the standard penetration test or cone penetration test [J]. Journal of Geotechnical and Geoenvironmental Engineering, 2004, 130(8): 861-871.

[6] Khoshnevisan S, Juang H, Zhou Yan-Guo, et al. Probabilistic assessment of liquefaction-induced lateral spreads using CPT - Focusing on the 2010 - 2011 Canterbury earthquake sequence[J]. Engineering Geology, 2015, 192: 113-128.

[7] 孙恩吉, 张兴凯, 程嵩. 尾矿库溃坝离心机振动模型试验研究[J]. 中国安全科学学报, 2012, 22(6): 130-135.

[8] Villavicencio G, Espinace R, Palma J, et al. Failures of sand tailings dams in a highly seismic country[J]. Canadian Geotechnical Journal, 2014, 51(4): 449-464.

[9] 张栋, 吴宗之, 蔡嗣经. 尾矿库地震液化机理及抗震评估指标体系研究[J]. 中国安全生产科学技术, 2010, 6(6): 17-22.

[10] Olson S M. Liquefaction analysis of level and sloping ground using field case histories and penetration resistance[D]. Urbana: University of Illinois at Urbana-Champaign, 2001.

[11] Ishihara K, Yoshimine M. Evaluation of settlements in sand deposits following liquefaction during earthquakes[J]. Soils and Foundations, 1992, 32(1): 173-188.

[12] 陈生水, 李国英, 傅中志. 高土石坝地震安全控制标准与极限抗震能力研究[J]. 岩土工程学报, 2013, 35(1): 59-65.

[13] Seed H B, Lee K L, Idriss I M, et al. The slides in the San Fernando dams during the earthquake of February 9, 1971[J]. Journal of the Geotechnical Engineering Division, 1975, 101(7): 651-688.

[14] Ishihara K, Ueno K, Yamada S, et al. Breach of a tailings dam in the 2011 earthquake in Japan[J]. Soil Dynamics and Earthquake Engineering, 2015, 68: 3-22.

[15] 王余庆, 王治平, 辛鸿博, 等. 中国尾矿坝地震安全度(1)—— 大石河尾矿坝 1976 年唐山大地震震害及有关强震观测记录[J]. 工业建筑, 1994, 24(7): 38-42.

[16] Byrne P M, Seid-Karbasi M. Seismic stability of impoundments[C]. Proceedings of the 17th annual symposium, Vancouver Geotechnical Society, Vancouver, BC, 2003, 77-84.

[17] Yegian M K, Ghahraman V G, Harutiunyan R N. Liquefaction and embankment failure case

histories, 1988 Armenia earthquake[J]. Journal of Geotechnical Engineering, 1994, 120(3): 581-596.

[18] Singh R, Roy D, Jain S K. Analysis of earth dams affected by the 2001 Bhuj Earthquake [J]. Engineering Geology, 2005, 80(3-4): 282-291.

[19] 王治平, 李志林. 中国尾矿坝地震安全度(3)—— 经受唐山地震的大石河尾矿坝历史和现状剖析[J]. 工业建筑, 1994, 24(9): 47-50.

[20] Pirete W, Gomes R C. Tailings liquefaction analysis using strength ratios and SPT/CPT results[J]. Soils and Rocks, 2013, 36(1): 37-53.

[21] 张力霆, 齐清兰, 李强, 等. 尾矿库坝体溃决演进规律的模型试验研究[J]. 水利学报, 2016, 47(2): 229-235.

[22] 赵一姝, 敬小非, 周筱, 等. 筋带对尾矿坝漫坝破坏过程阻滞作用试验研究[J]. 中国安全科学学报, 2016, 26(1): 94-99.

[23] 潘建平, 曾庆筠. SPH 方法在土工大变形分析中的应用研究进展[J]. 安全与环境学报, 2015, 15(5): 144-150.

[24] HUANG Yu, CHENG Hualin, DAI Zili, et al. SPH-based numerical simulation of catastrophic debris flows after the 2008 Wenchuan earthquake[J]. Bulletin of Engineering Geology and the Environment, 2015, 74(4): 1137-1151.

[25] 王维国, 陈育民, 杨贵, 等. 湿砂场地爆炸成坑效应的现场试验与数值模拟研究[J]. 岩石力学与工程学报, 2016, 47(2): 229-235.

[26] 胡嫚, 谢谟文, 王立伟. 基于弹塑性土体本构模型的滑坡运动过程 SPH 模拟[J]. 岩土工程学报, 2016, 38(1): 58-67.

[27] LIU G R, LIU M B. Smoothed particle hydrodynamics: a meshfree particle method[M]. Singapore: World Scientific Publishing, 2003.

[28] LIU M B, LIU G R. Smoothed particle hydrodynamics (SPH): an overview and recent developments[J]. Archives of Computational Methods in Engineering, 2010, 17(1): 25-76.

[29] 徐金中, 汤文辉. 高速碰撞 SPH 方法模拟中的初始光滑长度和粒子间距[J]. 计算物理, 2009, 26(4): 548-552.

[30] 张红武, 刘磊, 卜海磊, 等. 尾矿库溃坝模型设计及试验方法[J]. 人民黄河, 2011, 33(12): 1-5.

[31] Monaghan J J. Simulating free surface flow with SPH[J]. Journal of Computational Physics, 1994, 110(2): 399-406.

[32] Marongiu J C, Leboeuf F, Parkinson E. Numerical simulation of the flow in a Pelton turbine

using the meshless method smoothed particle hydrodynamics: a new simple solid boundary treatment[C]. Proceedings of the Institution of Mechanical Engineers, Part A: Journal of Power and Energy, 2007, 221(6): 849 - 856.

[33] 吴积善, 田连权, 康志成, 等. 泥石流及其综合治理[M]. 北京: 科学出版社, 1993: 102-115.

[34] 谢慎良. 泥浆体流变特性参数试验资料的综合分析[C]//沈寿长, 谭炳炎. 泥石流防治理论与实践. 成都: 西南交通大学出版社, 1991: 33-38.

[35] 朱兴华, 崔鹏, 唐金波, 等. 粘性泥石流流速计算方法[J]. 泥沙研究, 2013(3): 59-64.

第 7 章 尾矿坝抗震措施及其抗震效果研究

地震对尾矿坝的危害已经为工程人员所认识和重视。对尾矿坝来说，地震的危害主要表现为以下几个方面：永久变形和不均匀沉降引起的裂缝；地震反应造成较大的动应力和动应变，降低坝体的稳定性；在坝体和坝基存在可液化砂土时，地震中砂土可能发生液化，严重威胁工程安全。尾矿坝的动力安全性与坝体、坝基土体的工程特性有密切的关系，土体的工程特性好，则动力安全性高，特别是对于液化性砂土，如果其密实度低，则地震发生液化的风险就高。我国大量尾矿坝是按上游式修建的，坝体施工质量普遍较差，有些坝基、坝体为易液化的土层，而且很多的坝址处在地震烈度较高地区。近年来，科研人员对尾矿坝筑坝材料静动力特性、坝体动力反应、地震变形分析等已进行了一些研究，取得一些进展，一定程度上丰富和完善了尾矿坝抗震设计理论和设计方法，然而，有关地震时尾矿坝抗震措施方面的研究相对较少。因此，研究尾矿坝的抗震措施及其抗震效果具有重大的现实意义。

本章首先概述了尾矿坝抗震措施，然后采用以广义 Biot 固结原理和 Pastor-Zienkiewicz Mark-III 广义塑性模型为基础的有限元分析法，研究某尾矿坝的地震反应、超孔隙水压力发展过程和变形特征，分析多种尾矿坝抗震措施的抗震效果，最后提出一种综合抗震措施。

7.1 尾矿坝抗震措施

工程结构和建筑物的抗震能力在一定程度上依靠正确的抗震设计和采取抗震措施来获得。许多土工抗震措施近年来被采用[1-4]，这些措施主要包括：①密实；②排水；③加固；④灌浆凝固。根据具体场地条件、难易程度、构筑物的结构特性、相连场地的敏感性等，每种抗震措施都有自己的特点及适用性。

7.1.1 降低浸润线

降低坝体浸润线高度、增大浸润线下坝体的有效应力、减小坝体的饱和区，是提高尾矿坝抗震稳定性的措施之一。可采用的技术措施有：垂直排渗井；水平排渗管；垂直与水平联合排渗；虹吸管排渗；轻型井点排渗等[5]。

7.1.2 碎石桩

碎石桩是指用振动、冲击或水冲等方式在软弱土层中成孔，再将碎石压入已成的孔中，形成密实的碎石桩体。其与周围土层共同作用，形成复合土体[6]。20 世纪 70 年代，碎石桩技术开始应用于加固可液化土层，并逐渐发展成为一种应用广泛的抗震防液化加固手段，而且这种加固技术的有效性已经在实际地震中得到证实[7, 8]。近年来，学术界和工程界对碎石桩的主要研究内容有碎石桩复合土体的抗液化机理、影响因素、设计方法、液化检验和判别等。Seed 和 Booker[9]最早提出一种评价碎石桩排水效果的简化法。此设计方法主要是预测被碎石桩加固后土体的最大超孔隙水压力发展过程，并假定碎石桩完全透水，只考虑碎石桩的排水效应，没有关注密实加固土体的性能。Baez 和 Martin[10]介绍了一种预测碎石桩改善土体在地震中抗剪强度的方法，认为碎石桩加固具有很低渗透性的土体(黏土)时，忽视碎石桩对土体的排水效应，主要是突出考虑复合土体强度方面的改善。Luehring 等[11]、Shenthan 等[3]将毛细管排水与碎石桩结合应用在坝基加固中，测试结果表明碎石桩在高细粒含量(>60%)的黏土加固中取得了成功。徐志英[12]导出了液化地基中碎石桩的排水计算式。现有研究结果表明，碎石桩复合土体抗震作用主要表现为[13-17]：①密实周围的土体；②通过桩体的排水来限制砂土中超孔隙水压力的增长；③增强了复合土体的整体强度。

7.1.3　加筋

土体具有一定的压缩强度和剪切强度，但它们的拉伸强度却很低，所以在土内铺适当筋材，可以不同程度地改善土体的强度和抗变形能力。数千年前，人类就利用芦苇加筋黏土建造房屋；三千多年前，英国人曾在沼泽地带用木排筑道路。公元前 2000—公元前 1000 年，古巴比伦人曾把植物纤维掺在土中建造庙宇[18]。在我国，远在新石器时代，我们的祖先就利用茅草作为加筋材料。在陕西半坡村发现的仰韶遗址距今五六千年，有许多简陋住室的墙壁和屋顶就是利用草泥修建的[19]。在玉门一带，仍有用砂、砾石和红柳或芦苇压叠而成的汉长城遗址[20]。1960 年，法国工程师 Henri. Vidal 根据三轴试验结果提出了加筋土概念。三年后，他发表了加筋土的研究成果并提出了设计理论[21]。1965 年在法国比利牛斯山的普拉聂尔斯建造了世界上第一座加筋土结构[22]，从而引起了欧洲各国研究加筋土的热潮。日本于 1967 年引进该项技术，并在日本国有铁路进行了原型试验，后又进行了加筋土结构在地震作用下的性能研究。美国于 1969 年引进了加筋土技术，该项技术在美国得到了较快的发展和应用。随后加拿大、澳大利亚等许多国家也都先后引进和推广了这项新技术[23]。我国现代加筋土技术的研究和应用始于 20 世纪 70 年代中期。王凤江[24]基于室内三轴剪切试验，以聚丙烯土工织物为材料，对不同加筋层数下尾矿砂的破坏特征进行了研究。试验结果表明，加筋提高了尾矿砂的强度。孔宪京等[25]提出了增设马道、改缓坝坡和加筋相结合的高土石坝综合抗震方法，研究表明综合抗震措施对防止被加固区域的地震永久变形有显著作用。刘浩吾和王雪松[26]用非线性有限元法对法国 Congueyrac 坝进行分析，计算结果表明加筋有效地减小了坝体变形和改善了坝体的应力状态。

7.1.4　其他抗震措施

(1)改进筑坝工艺。研究表明，按每年预定上升速度增高坝体，控制放矿管的流量和流速，坝前分散放矿冲填，使大部分粗尾矿分布于所需的坝前部分，形成足够宽的坝硬壳，可以增强坝体抗液化能力。对于粒度较细的尾矿，可用水力旋流器分级，用粗颗粒的尾矿筑坝。采用中线法筑坝工艺、高浓放矿工艺均有利于提高坝体的抗震稳定性。

(2)振冲加密。坝面振冲加密，使坝壳密度增大，从而提高尾矿坝体抗震能力。

(3)改变坡面。一般方法有：改缓坝坡、增设或加宽马道；在坝外坡施加反压体或在坝面加重压；将上游式筑坝改为中线式或下游式。

采用上述几种加固措施时，要综合考虑其他因素的影响。如改缓坝坡时要注意避免浸润线溢出坝面，引起渗流破坏。最后应当指出，为确保重要尾矿坝的地震稳定性，除采取上述加固措施外，在坝上建立安全监测系统也是十分必要的[5]。

7.2 分析理论

7.2.1 基本方程式

(1)二维动力平衡方程[27]

$$\frac{\partial\sigma'_x}{\partial x}+\frac{\partial\tau_{yx}}{\partial y}+\frac{\partial u}{\partial x}-X=0,\quad \frac{\partial\sigma'_y}{\partial y}+\frac{\partial\tau_{xy}}{\partial x}+\frac{\partial u}{\partial y}-Y=0 \tag{7.1}$$

式中：σ'为有效应力；τ为剪应力；u为残余孔隙水压力(包括振动孔隙水压力)；X、Y分别为x和y方向的单位体力。

(2)几何方程，应变位移关系

$$\varepsilon_x=-\frac{\partial\bar{u}}{\partial x},\ \varepsilon_y=-\frac{\partial\bar{v}}{\partial y},\ \gamma_{xy}=-\left(\frac{\partial\bar{v}}{\partial x}+\frac{\partial\bar{u}}{\partial y}\right) \tag{7.2}$$

式中：ε_x、ε_y分别为土骨架在x和y向的正应变；γ_{xy}为剪应变；$\bar{u}$、$\bar{v}$分别为土骨架在x和y向的位移。

(3)应力应变关系

$$\{\sigma'\}=[D]\{\varepsilon-\varepsilon_0\}=[D]\{\varepsilon\}-[D]\{\varepsilon_0\} \tag{7.3}$$

式中：$[D]$为弹性矩阵。

而$[D]\{\varepsilon_0\}=\{u_g u_g 0\}^{\mathrm{T}}$

则应力应变关系可写为

$$\sigma_x' = E_1\varepsilon_x + E_2\varepsilon_y - u_g,\ \sigma_y' = E_2\varepsilon_x + E_1\varepsilon_y - u_g,\ \tau_{xy} = E_3\gamma_{xy} \tag{7.4}$$

式中：$E_1 = \dfrac{E(1-\nu)}{(1+\nu)(1-2\nu)}$，$E_2 = \dfrac{E\nu}{(1+\nu)(1-2\nu)}$，$E_3 = \dfrac{E}{2(1+\nu)}$，$E$、$\nu$ 分别为土骨架的弹性模量和泊松比。

(4) 达西定律

$$q_x = -\frac{K_x}{\rho_w g}\frac{\partial u}{\partial x},\ q_y = -\frac{K_y}{\rho_w g}\frac{\partial u}{\partial y} \tag{7.5}$$

式中：K_x、K_y 分别为 x、y 向的渗透系数；ρ_w 为水的密度；g 为重力加速度；q_x、q_y 分别为 x、y 向的流速。

(5) 连续方程

$$\frac{\partial q_x}{\partial x} + \frac{\partial q_y}{\partial y} = \frac{\partial}{\partial t}(\varepsilon_x + \varepsilon_y) \tag{7.6}$$

(6) 控制微分方程式

将式(7.2)代入式(7.4)后再代入式(7.1)，即得用位移表示的平衡方程式

$$E_1\frac{\partial^2 \bar{u}}{\partial x^2} + (E_2+E_3)\frac{\partial^2 \bar{v}}{\partial x\partial y} + E_3\frac{\partial^2 \bar{u}}{\partial y^2} + \frac{\partial u_g}{\partial x} - \frac{\partial u}{\partial x} + X = 0 \tag{7.7}$$

$$(E_2+E_3)\frac{\partial^2 \bar{u}}{\partial x\partial y} + E_3\frac{\partial^2 \bar{v}}{\partial x^2} + E_1\frac{\partial^2 \bar{v}}{\partial y^2} + \frac{\partial u_g}{\partial y} - \frac{\partial u}{\partial y} + Y = 0 \tag{7.8}$$

再将式(7.2)和式(7.5)代入式(7.6)得到用位移表示的连续条件

$$\frac{K_x}{\rho_w g}\frac{\partial^2 u}{\partial x^2} + \frac{K_y}{\rho_w g}\frac{\partial^2 u}{\partial y^2} = \frac{\partial}{\partial t}\left(\frac{\partial \bar{u}}{\partial x} + \frac{\partial \bar{v}}{\partial y}\right) \tag{7.9}$$

在一定的初始条件和边界条件下联立方程式(7.7)、式(7.8)、式(7.9)，可得出任一时刻、任一点的位移和残余孔隙水压力。

7.2.2　有限单元分析

式(7.7)、式(7.8)、式(7.9)采用有限元法求解，首先用下列近似函数代替 $\bar{u}$、$\bar{v}$、u，即

$$\bar{u} = \sum_{j=1}^{n} N_j(x,\ y)\,\bar{u}_j(t),\ \bar{v} = \sum_{j=1}^{n} N_j(x,\ y)\,\bar{v}_j(t),\ u = \sum_{j=1}^{n} N_j(x,\ y)\,u_j(t) \tag{7.10}$$

式中：N_j 为形函数；$\bar{u}_j$、$\bar{v}_j$ 和 u_j 为节点 j 的待定参数，其值随时间而变化；n 为节点总数。

对饱和土体的广义 Biot 动力固结方程进行空间域离散，引入系统阻尼并写成矩阵形式

$$\boldsymbol{M}\ddot{\bar{u}} + \boldsymbol{C}\dot{\bar{u}} + \int_{\Omega} \boldsymbol{B}^{\mathrm{T}} \boldsymbol{\sigma}' \mathrm{d}\Omega - \boldsymbol{Q}\bar{p} - \boldsymbol{f}^{(1)} = 0 \tag{7.11}$$

$$\boldsymbol{M}_f\ddot{\bar{u}} + \boldsymbol{Q}^{\mathrm{T}}\dot{\bar{u}} + \boldsymbol{S}\dot{\bar{p}} + \boldsymbol{H}\bar{p} - \boldsymbol{f}^{(2)} = 0 \tag{7.12}$$

式中：$\boldsymbol{M}$ 为土体的质量矩阵；$\boldsymbol{C}$ 为阻尼矩阵；$\boldsymbol{Q}$ 为耦合矩阵；$\boldsymbol{f}^{(1)}$ 为土体的荷载向量；$\boldsymbol{M}_{\mathrm{f}}$ 为流体的质量矩阵；$\boldsymbol{S}$ 为流体的压缩矩阵；$\boldsymbol{H}$ 为流体的渗透矩阵；$\boldsymbol{f}^{(2)}$ 为流体的荷载向量。

Pastor-Zienkiewicz Mark-III 模型[28]是很少几个能模拟循环荷载下或液化时砂土反应特性的模型之一。这个模型建立在广义塑性理论基础上，避免了对体积硬化参数的假定。模型比较简单，没有直接使用塑性屈服面。模型需要 12 个参数：M_{g}、M_{f}、α_{g}、α_{f}、K_0、G_0、β_0、β_1、H_0、H_{u0}、γ_{u}、γ_{DM}。M_{g} 为临界状态线在 $p'-q$ 平面的斜率，η 为应力比，α_{g} 为材料常数，M_{f} 为破坏线的斜率，α_{f} 为膨胀系数，K_0 为体积模量数，G_0 为剪切模量数，β_0、β_1 为模型参数，H_0 为塑性模量数、H_{u0} 为卸载塑性模量数。

在广义塑性模型中，应力增量可以写成

$$\mathrm{d}\boldsymbol{\sigma} = \boldsymbol{D}^{\mathrm{ep}} : \mathrm{d}\boldsymbol{\varepsilon} \tag{7.13}$$

$$\boldsymbol{D}^{\mathrm{ep}} = \boldsymbol{D}^{\mathrm{e}} - \frac{\boldsymbol{D}^{\mathrm{e}} : \boldsymbol{n}_{\mathrm{gl/u}} \otimes \boldsymbol{n} : \boldsymbol{D}^{\mathrm{e}}}{H_{\mathrm{l/u}} + \boldsymbol{n} : \boldsymbol{D}^{\mathrm{e}} : \boldsymbol{n}_{\mathrm{gl/u}}} \tag{7.14}$$

式中：$\boldsymbol{n}_{\mathrm{gl/u}}$ 为加载或卸载塑性流动方向；$\boldsymbol{n}$ 为相当于屈服面法线方向；$H_{\mathrm{l/u}}$ 为加载或卸载模量；$\boldsymbol{D}^{\mathrm{e}}$ 为弹性刚度张量；$\boldsymbol{D}^{\mathrm{ep}}$ 为弹塑性刚度张量。

塑性流动方向 $\boldsymbol{n}_{\mathrm{gl}}$ 可以表达为

$$\boldsymbol{n}_{\mathrm{g}}^{\mathrm{T}} = (n_{\mathrm{gv}}, n_{\mathrm{gs}}) \tag{7.15}$$

式中：$n_{\mathrm{gv}} = \dfrac{d_{\mathrm{g}}}{\sqrt{1+d_{\mathrm{g}}^2}}$；$n_{\mathrm{gs}} = \dfrac{1}{\sqrt{1+d_{\mathrm{g}}^2}}$。

剪胀比 d_{g} 为

$$d_{\mathrm{g}} = \frac{\mathrm{d}\varepsilon_{\mathrm{v}}^{p}}{\mathrm{d}\varepsilon_{\mathrm{s}}^{p}} = (1+\alpha_{\mathrm{g}})(M_{\mathrm{g}} - \eta) \tag{7.16}$$

式中：M_g 为临界状态线在 $p'-q$ 平面的斜率，η 为应力比，α_g 为材料常数。

M_g 可以表达成砂土残余内摩擦角和罗德角的函数

$$M_g=\frac{6\sin\varphi'_g}{3+\sin\varphi'_g\sin3\theta} \tag{7.17}$$

卸载时的塑性流动方向 $\boldsymbol{n}_{gu}$ 为

$$\boldsymbol{n}_u^T=(n_{guv},\ n_{gus}) \tag{7.18}$$

此时，$n_{guv}=-|\boldsymbol{n}_{gv}|$，$\boldsymbol{n}_{gus}=n_{gs}$。因此，卸载时将产生塑性体缩应变，可以很容易地模拟砂土的液化。

采用非相关联的流动法则，$\boldsymbol{n}$ 表示为

$$\boldsymbol{n}^T=(n_v,\ n_s) \tag{7.19}$$

式中：$n_v=\dfrac{d_f}{\sqrt{1+d_f^2}}$；$n_s=\dfrac{1}{\sqrt{1+d_f^2}}$；$d_f=(1+\alpha_f)(M_f-\eta)$。

加载和再加载塑性模量可以被定义为

$$H_L=H_0\cdot p'\cdot H_f\cdot(H_v+H_s)\cdot H_{DM} \tag{7.20}$$

$$H_f=(1-\eta/\eta_f)^4 \tag{7.21}$$

$$\eta_f=(1+1/\alpha)M_f \tag{7.22}$$

$$H_v=1-\eta/M_g \tag{7.23}$$

$$H_s=\beta_0\beta_1\exp(-\beta_0\xi) \tag{7.24}$$

式中：β_0 和β_1 为模型参数，$\xi=\int|d\varepsilon_q|$，η_{max} 为土体到达的最大应力比，而 H_{DM} 为应力历史的函数，在初始加载时为 1，再加载时为$(\eta/\eta_{max})^{-\gamma_{DM}}$，因此，再加载时土体将会产生较小的塑性变形。

卸载时塑性模量可以定义为

$$H_u=H_{u0}(\eta_u/M_g)^{-\gamma_u}\qquad |\eta_u/M_g|<1 \tag{7.25}$$

$$H_u=H_{u0}\qquad |\eta_u/M_g|\geqslant1 \tag{7.26}$$

考虑土体压力相关的弹性体积模量和剪切模量可以表示为

$$K=K_0p' \tag{7.27}$$

$$G=G_0p' \tag{7.28}$$

英国伯明翰大学的 Chan A. H. C. [29] 教授在广义 Biot 固结原理的基础上开发了弹塑性有限元分析程序 SWANDYNE，并在其中实现了 Pastor - Zienkiewicz Mark-III 广义塑性模型。Madabhushi、Dewoolkar、Ghosh、Aydingun

等[30-33]用 SWANDYNE 程序对一些土体液化问题进行了研究。刘华北和宋二祥[34, 35, 36]采用 SWANDYNE 程序对地下结构的地震响应、液化上浮进行了分析。这些研究结果表明，基于动力固结方程和 Pastor-Zienkiewicz Mark-III 模型的排水有效应力分析方法能够很好地模拟饱和砂土在地震荷载作用下孔隙水压力的产生、扩散和消散过程。

由于 SWANDYNE 的程序设计和前后处理较为复杂，不便于修改和使用，单元类型也相对较少，邹德高和孔宪京[37]将其中 Pastor-Zienkiewicz Mark-III 模型采用面向对象的方法进行封装，引入其开发的 GEODYNA 中，并在稳定性方面进行了改进。GEODYNA 是采用面向对象的设计方法，以 Visual C++开发的弹塑性有效应力有限元分析程序，由于其设计方法比较先进，前后处理非常容易，极大增强了计算效率。

7.3 计算模型

根据尾矿库标高(+380 m)构建计算模型，如图 7.1 所示。为了简化计算，坝基与坝体均为一种尾矿堆筑。

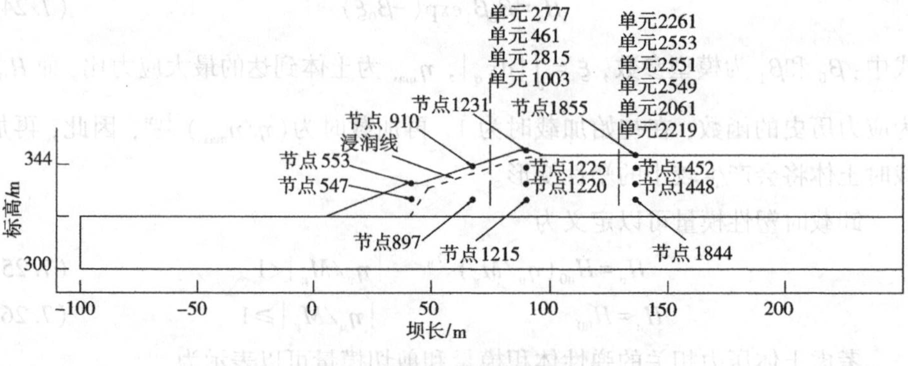

图 7.1　尾矿坝剖面概化图

目前很难找到适合 Pastor-Zienkiewicz Mark-III 模型的尾矿参数，参考文献[38]中相对密度为 40%的 Nevada 砂土参数，取值为：$M_g=1.15$，$M_f=0.65$，$\alpha_g=\alpha_f=0.45$，$K_0=37.5$，$G_0=22.5$，$\beta_0=4.2$，$\beta_1=0.2$，$H_0=600$，$H_{u0}=4\times10^6$，$\gamma_u=$

2，$\gamma_{DM}=0$，天然容重 $\gamma=17.8\ kN/m^3$，饱和容重 $\gamma_m=21.76\ kN/m^3$，孔隙率 $n=0.42$，渗透系数 $k=1\times10^{-6}m/s$。

地震波采用 Kobe 波 NS 分量，保持其周期特性不变，加速度峰值调整到 0.2g(图 7.2)，地震波作为剪切波由土层底部的刚性边界输入，土体的阻尼比均取为 5%。

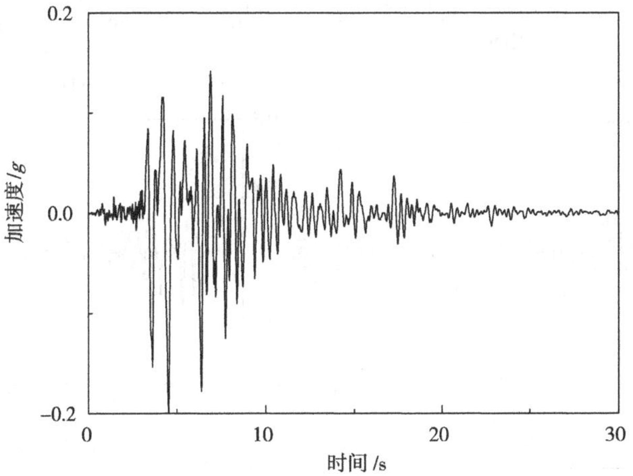

图 7.2　水平向地震荷载

与 SWANDYNE 一样，GEODYNA 在时间域内的离散也采用广义 Newmark 法(GNpj)。使用 GN22 法求位移，使用 GN11 法求压力，固相积分参数β_1、β_2 和液相积分参数$\bar{\beta}_1$ 取值范围为 0.0~1.0。为了求解的无条件稳定，要求$\beta_2\geqslant\beta_1\geqslant1/2$，$\bar{\beta}_1\geqslant1/2$，在本章的研究中，$\beta_1=0.6$，$\beta_2=0.605$，$\bar{\beta}_1=0.6$。

7.4　加固前计算结果分析

图 7.3 是图 7.1 中标示节点的水平向加速度时程曲线，可见坝坡面及坝顶加速度峰值相对于输入的加速度峰值有放大，坝顶加速度峰值放大将近 1.4 倍。图 7.4 是节点的超孔隙水压力时程曲线，从 3 s 到 15 s 为超孔隙水压力的上升阶段，随后趋向平稳。

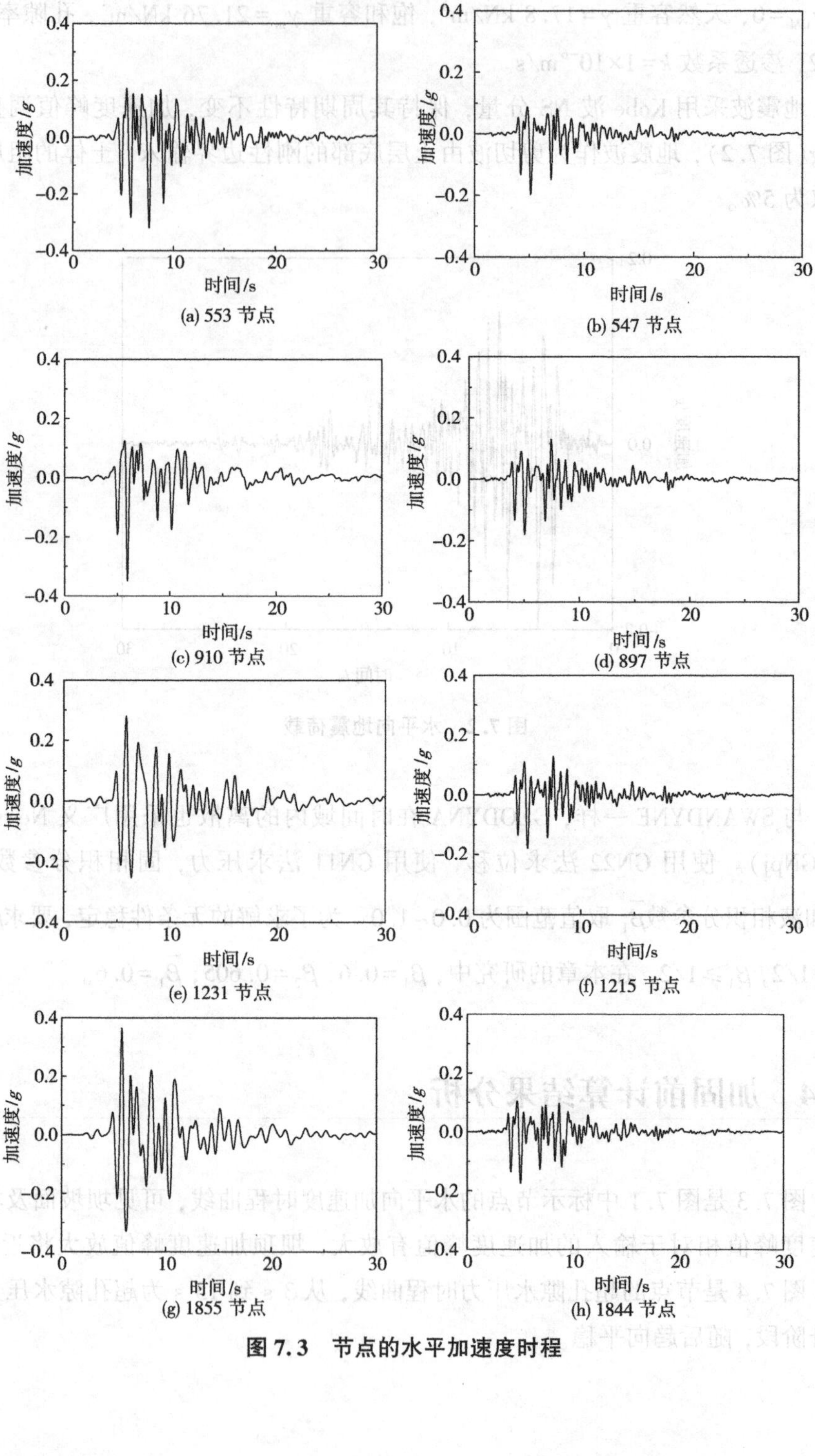

图 7.3　节点的水平加速度时程

图 7.5 是坝体网格变形图，图 7.6 是相应的等值线图，从图中可见坝体主要变形发生在下游坡。图 7.7 是尾矿坝上、下游坡超孔压比的时程曲线，由图可知，从坝坡表面往下，超孔压比逐渐减小，且上游坡的大于下游坡的，说明上游区更易于发展为液化区，已有尾矿坝抗震分析经验也表明上游水边线附近区域是最易液化区。

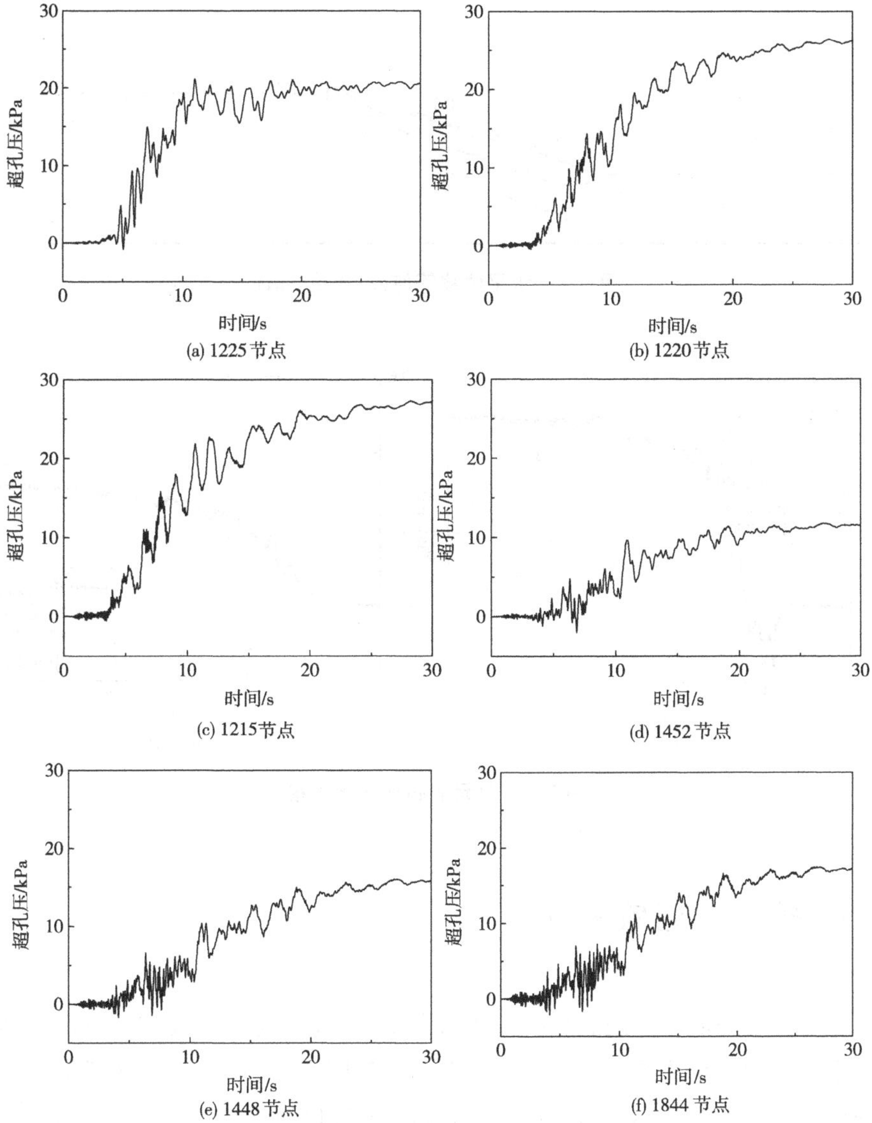

图 7.4　节点的超孔压时程

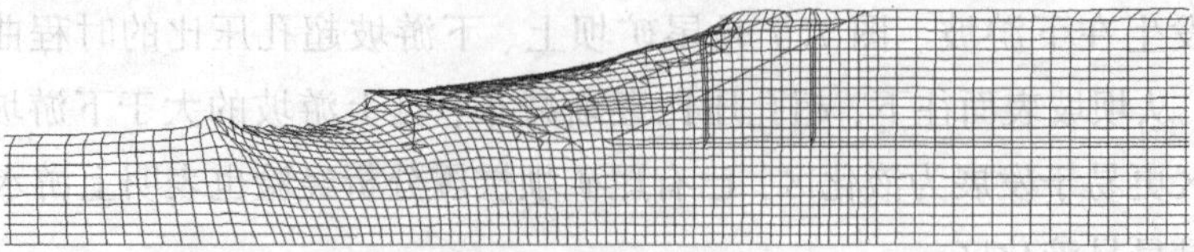

图 7.5　网格变形(放大 20 倍)

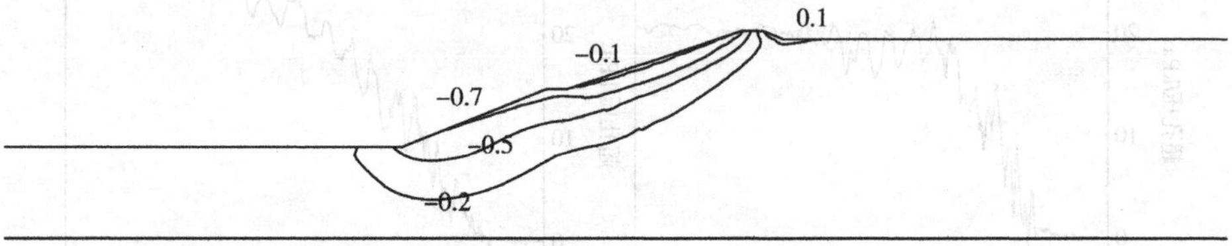

图 7.6　水平位移等值线(单位：m)

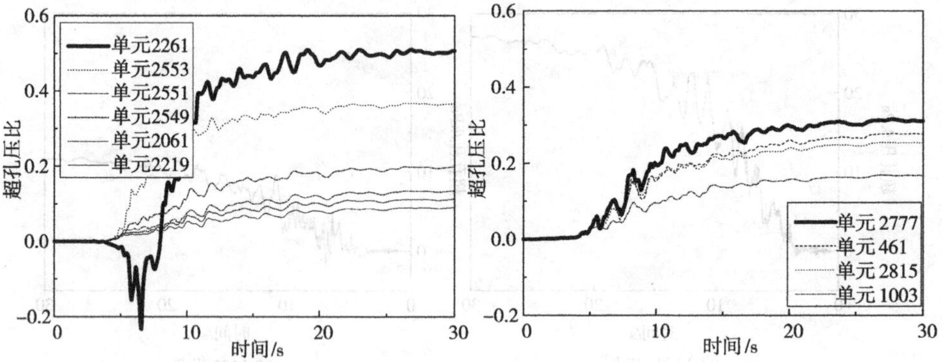

(a) 上游　　(b) 下游

图 7.7　单元的超孔压比时程

7.5　抗震措施效果分析

图 7.8 是降低坝体浸润线高度的示意图，图 7.9 是降低浸润线高度后坝体的残余变形图。相比图 7.6 可知变形有一定程度的减小，但效果不明显，说明降低浸润线高度对减小动力变形作用有限，主要目的是减小坝体的饱和区，降

低地震液化风险。

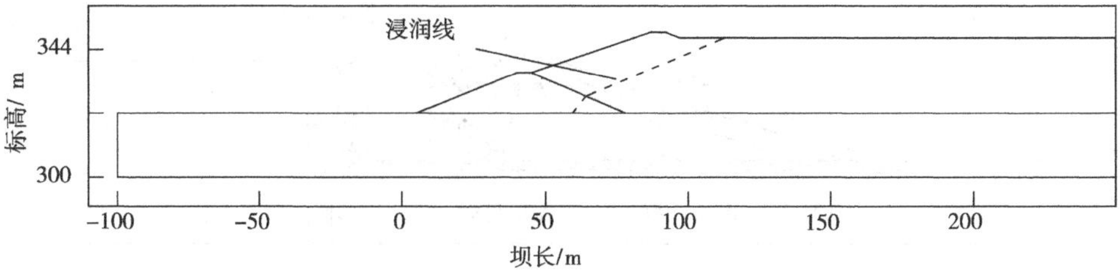

图 7.8　降低浸润线

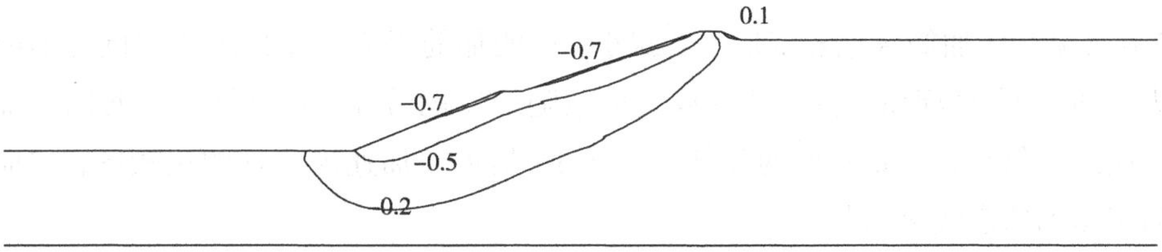

图 7.9　降低浸润线后坝体的水平位移等值线图(单位：m)

图 7.10 是碎石桩加固后尾矿坝体的永久变形等值线图，与图 7.6 对比可见永久变形并没有明显减小，因为坝坡的主要变形不在碎石桩的作用区。这里没有考虑碎石桩对复合土体强度的提高，而仅仅考虑碎石排水作用的影响。图 7.11(a)(b)分别是碎石桩内两测点的超孔隙水压力的时程曲线，可见随着渗透系数的增大，超孔隙水压力逐渐减小，并且较浅测点的超孔隙水压力的消散效果更好。图 7.11(c)(d)是距离碎石桩分别为 4 m、8 m 两测点 1190 和 1257 的超孔隙水压力时程曲线，可见只要保证碎石桩有足够大的渗透系数，碎石桩对周围土体的振动超孔隙水压力就有一定的消散效果。但尾矿坝是个庞大的体系尤其对于高坝，加上尾矿料的渗透系数较低，针对具体尾矿坝的复杂性，在尾矿坝体中用碎石桩消散孔隙水压力的有效性有待进一步研究。

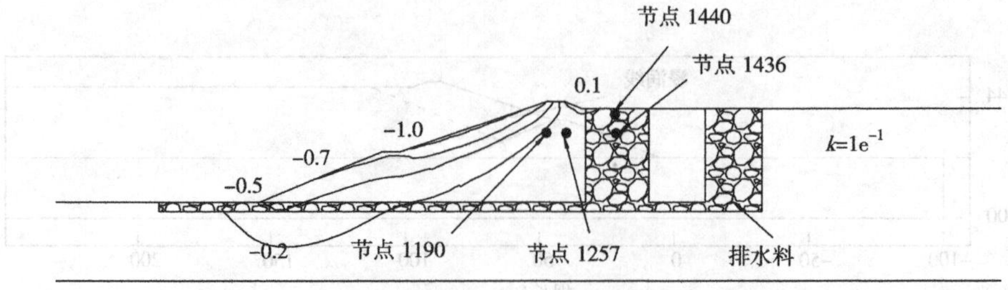

图 7.10　设置排水碎石桩时坝体的水平位移等值线(单位：m)

在子坝区加筋，筋材最大抗拉强度为 15 MPa，弹性模量为 40 MPa。图 7.12 和图 7.13 是加筋后坝体的网格变形图和水平位移等值线图，对比图 7.6 可见坝体加筋区地震变形显著减小，说明加筋提高了尾矿坝体的抗变形能力。图 7.14 是坝顶位置加速度放大倍数随深度的分布，可见坝体加筋区的加速度放大倍数有一定程度的降低。图 7.15 是坝顶加速度时程的比较图，加筋后坝顶加速度放大倍数增大。

从以上分析可知，降低浸润线对减小坝体地震变形的作用是有限的；碎石排水能消散超孔隙水压力，起到一定程度的抗震效果；坝体加筋能减小地震变形。延长滩长，降低浸润线高度，意味着减少有效库容量，对正在服务期的尾矿库，此措施的应用受到一定程度的限制。碎石桩施工复杂，工程量较大，在下游斜坡施工有一定难度，而在上游施工时，对下游坝坡地震变形无法起到有效的控制作用。相比在子坝区加筋，工艺相对简单，同时对抑制坝体变形也能起到较好的效果。基于上述分析，提出一种综合抗震措施，即在子坝区用筋材加固，初期坝外坡用反压体加固，初期坝坝基易液化土层用密实加固，加固示意如图 7.16 所示。从图 7.16 看出，采取综合抗震措施加固后坝体变形显著减小，说明取得了较好的抗震效果。

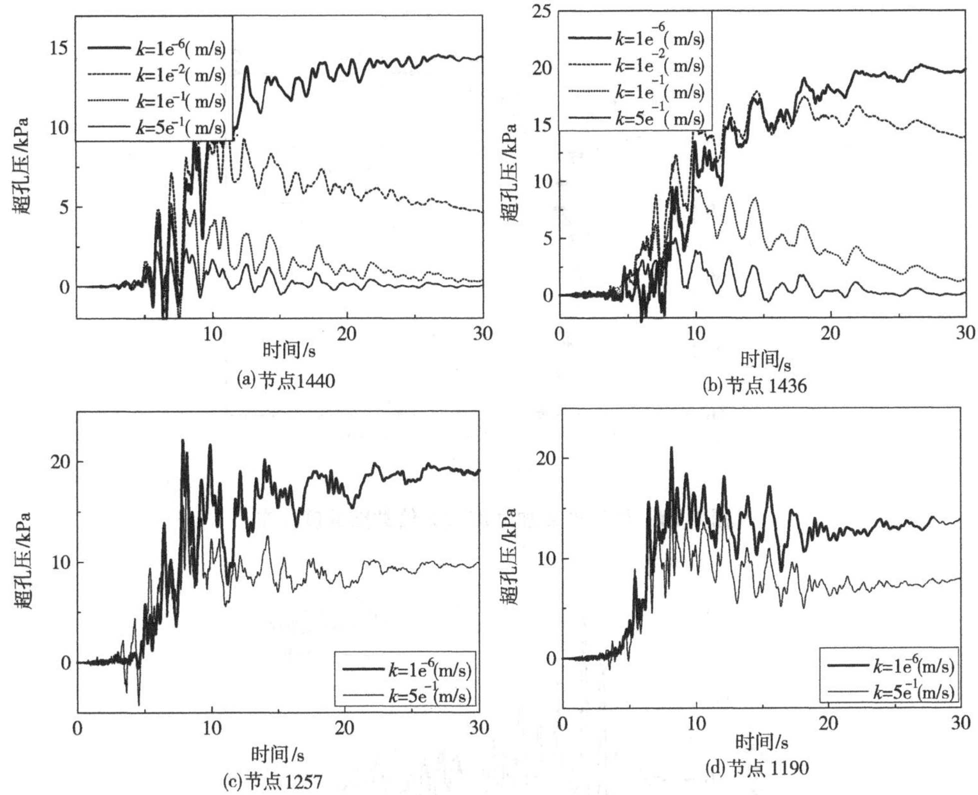

图 7.11　设置排水碎石桩时测点的超孔隙水压力时程

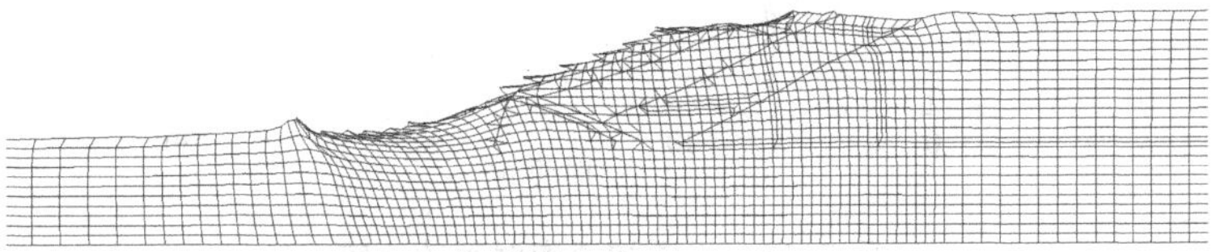

图 7.12　加筋坝体网格变形(放大 20 倍)

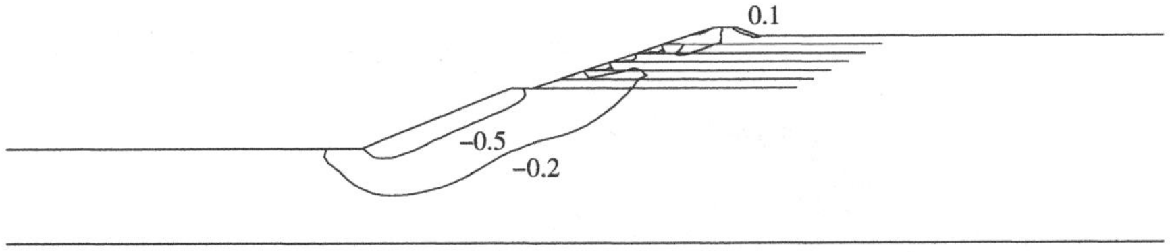

图 7.13　加筋坝体的水平位移等值线(单位：m)

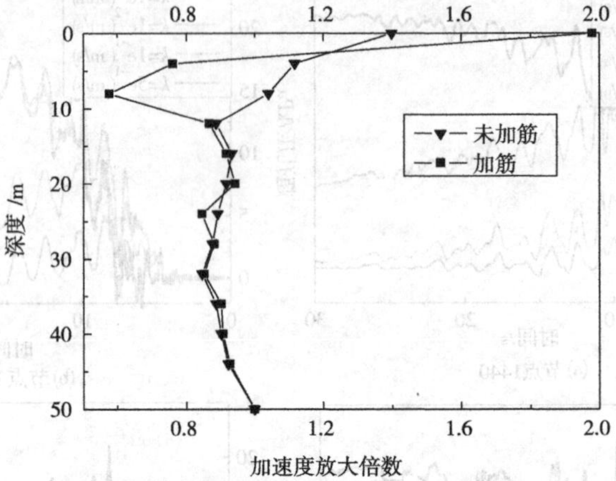

图 7.14　坝顶位置加速度放大倍数随深度分布

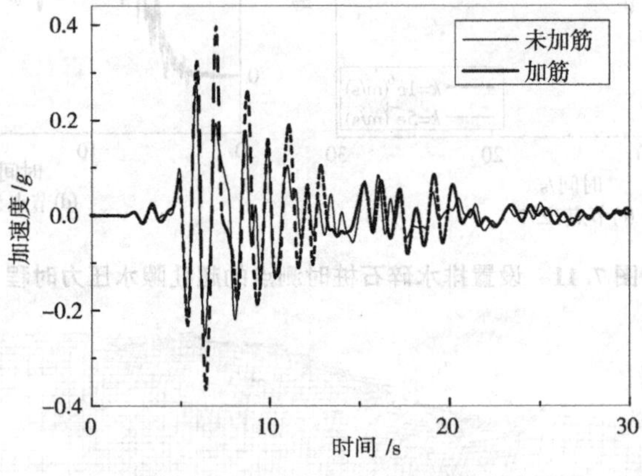

图 7.15　坝顶加速度时程的比较

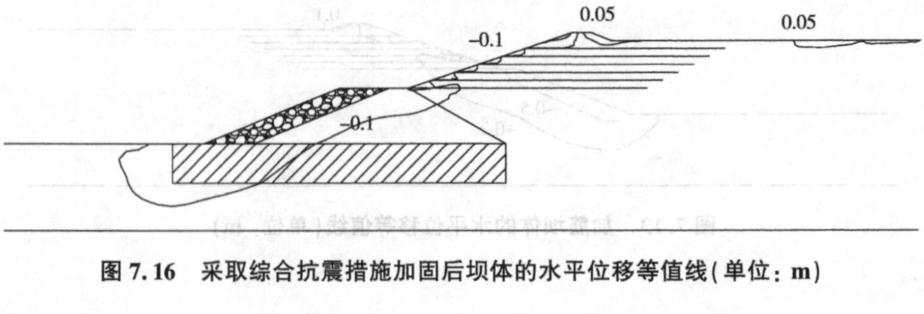

图 7.16　采取综合抗震措施加固后坝体的水平位移等值线(单位：m)

参考文献

[1] Cooke H G, Mitchell J K. Evaluation and selection of liquefaction mitigation measures for existing bridges[C]. Proc. Seismic risks and solutions for highways and bridges in the central and eastern United States, Mid－America highway seismic conference, Feb. 28－Mar. 3, 1999.

[2] JGS. Soils and foundations－special issue on geotechnical aspects of the January 17, 1995 Hyogoken-Nam bu earthquake[R]. Japanese society geotechnique engineering, 1996.

[3]Shenthan T. Liquefaction mitigation in silty soils using stone columns supplemented with wick drains[D]. New York: State university of New York at Buffalo, 2005.

[4] Nashed R. Liquefaction mitigation of silty soils using dynamiccompaction[D]. New York: State university of New York at Buffalo, 2005.

[5]王余庆. 尾矿坝抗震鉴定与加固[C]//魏琏, 谢君斐. 中国工程抗震研究四十年. 北京: 地震出版社, 1989: 225-228.

[6]黄春霞, 张鸿儒, 隋志龙. 碎石桩复合地基的抗液化特性探讨[J]. 工程地质学报, 2004, 12(2): 148-154.

[7] Ishihara S, Kawase Y, Nakajima M. Liquefaction characteristics of sand deposits at an oil tank site during the 1978 Miyagiken－oki earthquake[J]. Soils and foundations, 1980, 20(2): 97-111.

[8] Mitchell J K, Baxter C D P, Munson T C. Performance of improved ground during earthquakes [R]. Soil improvement for earthquake hazard mitigation, ASCE geotechnical special publication, 1995, 49: 1-36.

[9] Seed H B, Booker J R. Stabilization of potentially liquefiable sand deposits using gravel drains [J]. Journal of the Geotechnical Engineering Division, ASCE, 1977, 103(7): 757-768.

[10] Baez J I, Martin G R. Advances in the design ofvibro systems for the improvement of liquefaction resistance[C]. Proceeding of the Symposium on Ground Improvement. Vancouver Geotechnical Society, Vancouver, B. C., Canada, 1993.

[11] Luehring R, Stevens M, Snorteland N, et al. Liquefaction mitigation of a silty dam foundation using vibro-stone columns and drainage wicks: a case history at salmon lake dam[C]. The Future of Dams and Their Reservoirs, 21st USSD Annual Meeting and Lecture Proceedings, USSD, 2001: 41-57.

[12]徐志英. 砂井内设置砾石排水桩抗地震液化的分析与计算[J]. 勘察科学技术, 1985,

(1)：1-7.

[13] Adailer K, Elgamal A, Meneses J, et al. Stone columns as liquefaction countermeasure in non-plastic silty soils[J]. Soil Dynamics and Earthquake Engineering, 2003(23): 571-584.

[14] Baez J I, Martin G R. Quantitative evaluation of stone column technique for earthquake liquefaction mitigation[C]. 10th World Conference on Earthquake Engineering, Rotterdam, 1992: 1477-1483.

[15]郑建国. 碎石桩复合地基液化判别方法的探讨[J]. 工程勘察, 1999(2): 5-7.

[16]邱钰, 黄卫, 刘松玉. 干振碎石桩处理高速公路液化地基效果分析[J]. 公路交通科技, 2000, 17(4): 19-21.

[17]林本海, 谢定义. 复合地基的液化检验理论及其应用[M]. 北京: 中国水利水电出版社, 1999.

[18]徐日庆. 土工合成材料应用技术[M]. 北京: 化学工业出版社, 2005: 1-20.

[19]中国建筑史编写委员会. 中国建筑简史(第一册)[M]. 北京: 中国建筑工业出版社, 1962.

[20]中国大百科全书总编辑委员会——土木工程编辑委员会. 中国大百科全书(第一版)——土木工程[M]. 北京: 中国大百科全书出版社, 1987.

[21] Schdosser F, Long N T. Recent result in French research on reinforced earth[J]. Journal of the Construction Division, ASCE, 1974, 100(3): 223-237.

[22]陈忠达. 公路挡土墙设计(第一版)[M]. 北京: 人民交通出版社, 1999.

[23]杜运兴. 预应力 CFRP 加筋土技术的应用与研究[D]. 长沙: 湖南大学, 2003: 1-9.

[24]王凤江. 加筋尾矿砂的三轴试验研究[J]. 辽宁工程技术大学学报, 2003, 22(5): 618-620.

[25]孔宪京, 邹德高, 邓学晶, 等. 高土石坝综合抗震措施及其效果的验算[M]. 水利学报, 2006, 37(12): 1489-1495.

[26]刘浩吾, 王雪松. 论土石坝的新型结构——加筋堆石坝[J]. 水利水电技术, 2000, 31(4): 19-21.

[27]钱家欢, 殷宗泽. 土工原理与计算[M]. 北京: 中国水利水电出版社, 1996.

[28] Pastor M, Zienkiewicz O C, Chan A H C. Generalized plasticity and themodelling of soil behavior[J]. International Journal for Numerical and Analytical Methods in Geomechanics, 1990(14): 151-190.

[29] Chan A H C. User manual for DIANA SWANDYNE-Ⅱ[M]. UK: School of Civil Engineering, University of Birmingham, 1993.

[30]Madabhushi S P G, Zeng X. Seismic response of gravity quay wall Ⅱ: Numerical modeling [J]. Journal of Geotchnical and Geoenvironmental engineering, ASCE, 1998, 124(5): 418-427.

[31]Dewoolkar M M, Ko H Y, Pak R Y S. Centrifuge modelling of models of seismic effects on saturated earth structures[J]. Geotechnique, 1999, 49(2): 247-266.

[32] Ghosh B, Madabhushi S P G. A numerical investigation into effects of single and multiple frequency earthquake motions[J]. Soil Dynamics and Earthquake engineering, 2003, 23: 691-704.

[33] Aydingun O, Adalier K. Numerical analysis of seismically induced liquefaction in earth embankment foundations Part Ⅰ: Benchmark model[J]. Canadian Geotechnical Journal, 2003, 40(4): 753-765.

[34]刘华北，宋二祥. 埋深对地下结构地震液化响应的影响[J]. 清华大学学报, 2005, 45(3): 301-305.

[35]刘华北，宋二祥. 可液化土中地铁结构的地震响应[J]. 岩土力学, 2005, 26(3): 381-386.

[36]刘华北，宋二祥. 截断墙法降低地下结构地震液化上浮[J]. 岩土力学, 2006, 27(7): 1049-1055.

[37]邹德高，孔宪京. GEOtechnical DYnamic Nonlinear Analysis-GEODYNA 使用说明[Z]. 大连：大连理工大学土木水利学院工程抗震研究所.

[38] Yang S, Ling H I, Liu H B. Finite element response analysis of liquefiable soil deposit using a generalized plasticity model [C]. Proceedings of 17th ASCE Engineering Mechanics Conference, Newark: University of Delaware, 2004.

第 8 章

可靠度理论在尾矿坝地震液化评估中的应用

8.1 基于 Logistic 回归模型的场地液化概率评价

为了同基于可靠度理论的上部结构设计相一致，场地土液化评价可采用概率法，明确给出具有概率意义的液化评价结果，但是，目前已有的场地液化评价方法多属确定性方法。对于确定性液化评价法，一般根据抗液化安全系数(F_L)来判断是否液化。当 $F_L<1.0$ 时，认为液化发生；当 $F_L\geqslant 1.0$ 时，认为没有发生液化。从偏于安全的角度考虑，工程设计时一般根据经验和规范要求给出较大的安全系数，并没有提供相应的液化概率，评价的结果往往是偏于保守。随着科学技术的发展，越来越多的场地液化实测数据被收集整理，这为进行场地液化概率分析提供了可能。吴再光等[1]介绍了几种饱和砂土地震液化概率的分析法。汪明武和罗国煜[2]探讨了可靠度理论在砂土液化势评价中的应用。佘跃心等[3-5]基于神经网络和概率理论建立了液化势评价模型，并将其与规范方法进行了对比。陈国兴和李方明[6]用径向神经网络对砂土液化概率判别方法进行了研究。但工程界对神经网络不太熟悉，其隐藏变量的物理意义不明确，工程师不易接受。Liao 等[7]对 SPT 数据进行对数退化分析，建立了液化概率模型，但收集的数据差异较大，没有进行统一的标准修正。其试图考虑细粒含量(FC)的影响，但并未成功，只是简单按 $FC>12\%$ 与 $FC\leqslant 12\%$ 进行分类。Youd、Juang 等[8, 9]用 Bayesian 谱函数方法建立了液化概率分析模型。但这些研究成果主要存在的问题是：有的只考虑了土层抗液化强度的不确定性，并未考虑地震反应方面的不确定性；有的模型仅适用于砂土和黏土混合体；没有进行上覆有效应力等参数的修正；原始数据中高应力比较少；等等。

尾矿坝包括坝基和坝体，坝基一般可以理解成水平场地，而坝体可以理解成一特殊边坡。《构规 93》[10]将坝基和坝体分开进行液化评价。建立场地液化极限状态函数，是进行工程场地液化概率评价的前提，也是工程场地液化风险决策的基础。本章在前人研究的基础上，用对数退化模型分析大量实测标贯数据，建立场地液化极限状态函数，然后将可靠度理论引入液化评价中，用一次二阶矩法建立场地液化概率评价模型，并进行实例应用。

8.1.1　基于对数退化分析的场地液化极限状态函数

8.1.1.1 对数退化分析方法

在对数退化模型中，液化概率(P_L)写成影响液化发生变量的函数。液化概率函数 P_L(X)根据液化和非液化测试数据，由二进制退化分析确定相关系数。P_L(X)定义为[7, 11]

$$P_L(X)=\frac{1}{1+\exp[-(\beta_0+\beta_1 x_1+\cdots+\beta_n x_n)]} \tag{8.1}$$

式中：$P_L(X)$为液化概率函数，$0\leqslant P_L(X)\leqslant 1$；$X=[x_1, x_2, \cdots, x_n]$为自变量数组；$B=[\beta_0, \beta_1, \cdots, \beta_n]$为模型退化系数数组。为了满足 $0\leqslant P_L(X)\leqslant 1$，$P_L(X)$被转化为 $Q_L(X)$，$Q_L(X)$在$(-\infty, +\infty)$单调变化。

$$Q_L(X)=\ln\left[\frac{P_L(X)}{1-P_L(X)}\right]=\beta_0+\beta_1 x_1+\cdots+\beta_n x_n \tag{8.2}$$

由最大概率原则确定退化模型系数β，关联 X 和 β 的概率函数为

$$L(X;\beta)=\prod_{j=1}^{m}[P_L(X)]^{y_j}[1-P_L(X)]^{(1-y_j)} \tag{8.3}$$

式中：$L(X;\beta)$为 X 和 β 的概率函数；y_j 为指示器，液化时，$y_j=1$，非液化时，$y_j=0$；m 为分析数据组数。理论上，β 的最优解存在于概率函数的极值点处，即概率函数对每个系数的一阶导数为 0。为了简化计算，用 $\ln[L(X;\beta)]$的一阶导数代替 $L(X;\beta)$的一阶导数。关联 X 和 β 概率函数的对数表示为

$$\ln\left[L(X;\beta)\right]=-\sum_{j=1}^{m}\ln\left\{1+\exp\left[-\left(\beta_0+\sum_{i=1}^{n}\beta_i(x_i)_j\right)\right]\right\}-\sum_{j=1}^{nm}\left[\beta_0+\sum_{i=1}^{n}\beta_i(x_i)_j\right] \tag{8.4}$$

式中：nm 为非液化组数；$(x_i)_j$ 为第 i 个自变量对应第 j 组数据。$\ln[L(X;\beta)]$ 的极值存在于

$$\frac{\partial\ln[L(X;\beta)]}{\partial\beta_i}=0 \tag{8.5}$$

修正概率比指数 ρ^2 被用来分析解的优越性，ρ^2 为[12]

$$\rho^2=1-\frac{\ln[L(\hat{\beta})]-(n+1)/2}{\ln[L(0)]} \tag{8.6}$$

式中：$\ln[L(\hat{\beta})]$ 为对数概率函数的最大值；$\ln[L(0)]$ 为 $\beta=0$ 时对数概率函数值。理论上，修正概率比指数 ρ^2 在 0 到 1 之间，当 $\rho^2>0.4$，可认为解 β 能较好地满足退化模型[7]。

基于不同的确定性分析方法和退化分析方法，几个指标已经被选用，如修正贯入击数 $(N_1)_{60cs}$、加速度 a_{max}、震级 M_W、细粒含量 FC 等。一般将指标分为两大类：(1)土的抗液化强度，表示为抗液化应力比 CRR；(2)地震荷载作用的结果，表示为循环应力比 CSR。对数退化模型要求自变量指标相互独立，根据经验，$(N_1)_{60cs}$ 和 $\ln(CSR)$ 为对数退化模型的自变量。由式(8.2)得液化概率方程为

$$\ln\left[\frac{P_L(X)}{1-P_L(X)}\right]=\beta_0+\beta_1(N_1)_{60cs}+\beta_2\ln(CSR) \tag{8.7}$$

8.1.1.2 场地实测数据分析

选取国内外 23 次地震、震级在 5.6~8.0 之间较高质量的 200 组 SPT 实测数据作为对数退化分析的原始数据，其中液化 112 组，非液化 88 组[13]。实测数据按震级、循环应力比、细粒含量和标准贯入击数的分布如图 8.1~图 8.4 所示。

8.1.2 场地液化极限状态函数的建立

饱和砂土的 $(N_1)_{60cs}$ 为[13, 14]

$$(N_1)_{60cs}=N_m C_N C_E C_B C_R C_S C_{FINES} \tag{8.8}$$

式中：N_m 为测试的贯入击数；C_N 为将 N_m 转化成上覆有效应力 100 kPa 情况的修正系数；C_E 为贯入能量比修正系数；C_B 为钻孔半径修正系数；C_R 为钻杆长度修正系数；C_S 为取样器是否有衬垫层的修正系数。C_{FINES} 为细粒含量修正系数，$C_{FINES}=(1+0.004FC)+0.05(FC/N_{1,60})$，$5\%\leqslant FC\leqslant 35\%$；细粒含量 FC 取整数(如，27%表示为 $FC=27$)，细粒含量小于 5%时 $FC=0$；细粒含量大于 35%时 $FC=35$。

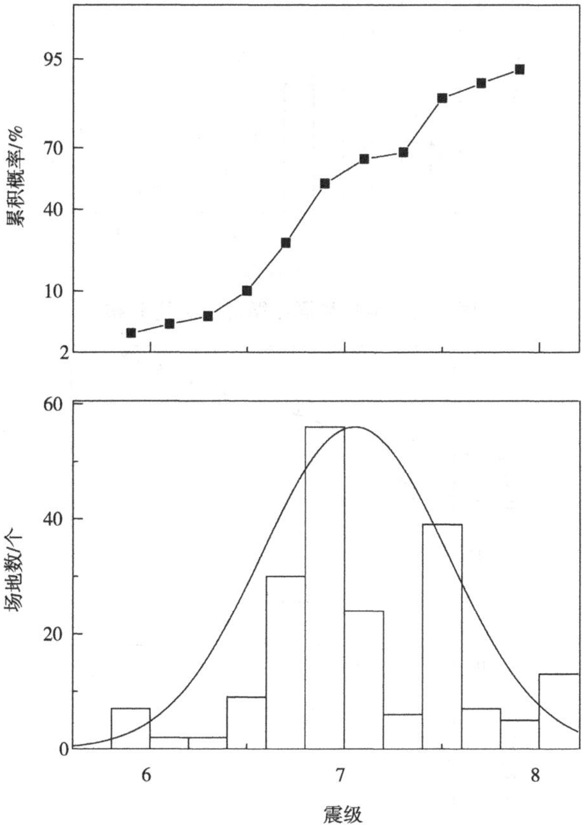

图 8.1　实测数据按震级分布

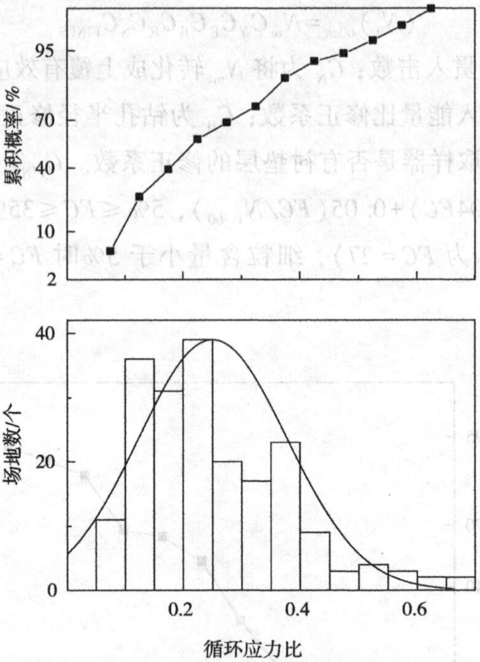

图 8.2　实测数据按循环应力比分布

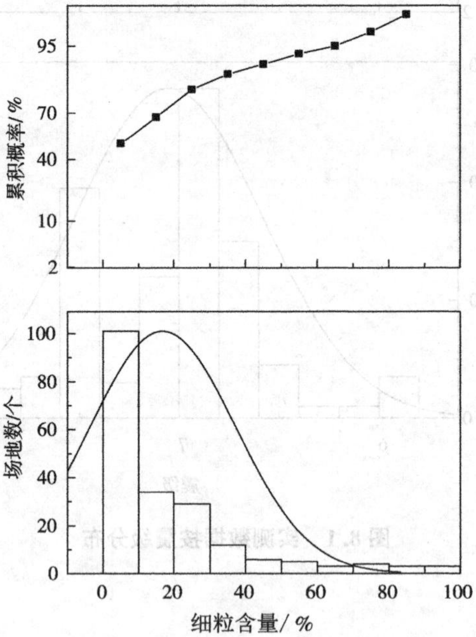

图 8.3　实测数据按细粒含量分布

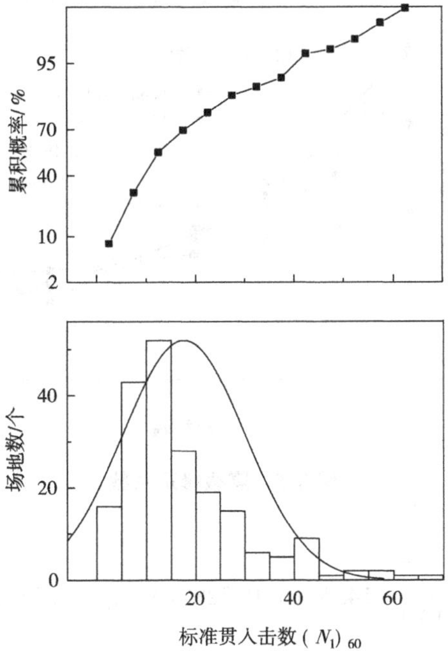

图 8.4　实测数据按标准贯入击数分布

地震在饱和砂土中引起的等效循环应力比按式(4. 6)计算，并进行震级和上覆有效应力修正。

$$CSR=0.65\frac{a_{max}\sigma_v}{g\ \sigma'_v}r_d M_{sf}^{-1}K_\sigma^{-1} \tag{8.9}$$

式中：K_σ 为上覆有效应力修正系数，当 $\sigma'_v \leqslant 100$ kPa，$K_\sigma=1$；$\sigma'_v>100$ kPa，$K_\sigma=(\sigma'_v)^{(-0.3)}$。$M_{sf}$ 为震级修正系数，NCEER[14] 推荐值如图 8. 5 所示，这里取其中间值，$M_{sf}=(M_W/7.5)^{(-2.95)}$。

按式(8. 3)～式(8. 5)进行退化分析，确定概率方程参数，见式(8. 10)。修正概率比指数 $\rho^2=0.4968$，说明求出的参数 β 能满足要求。

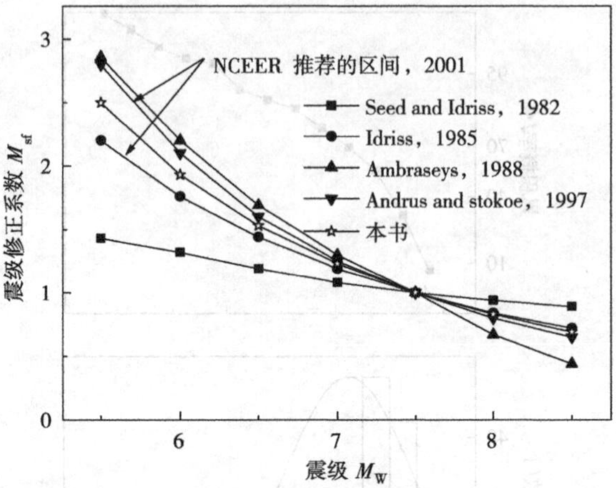

图 8.5　震级修正系数

$$\ln\left[\frac{P_L(X)}{1-P_L(X)}\right]=14.5416-0.3282(N_1)_{60cs}+4.7839\ln(CSR) \qquad (8.10)$$

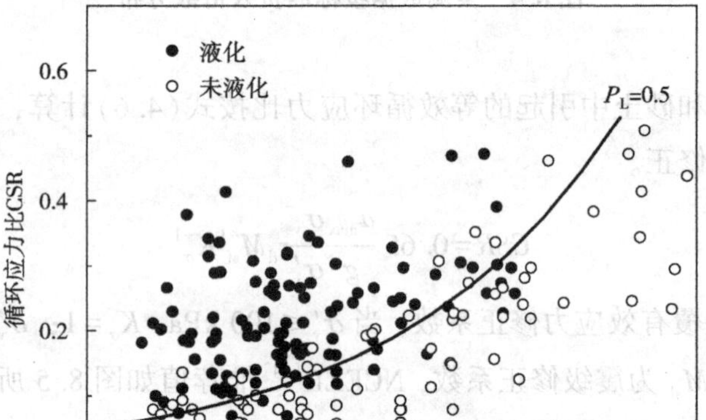

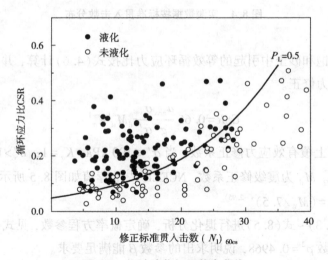

图 8.6　场地液化极限状态曲线

P_L=0.5 的极限状态曲线类似于 Seed 等提出的临界抗液化应力比曲线，因此，图 8.6 中 P_L=0.5 时 CSR 与 $(N_1)_{60cs}$ 的关系曲线等效于 CRR 与 $(N_1)_{60cs}$ 的

关系曲线。当 $P_L=0.5$ 时，转换式(8.10)得场地液化极限状态函数

$$CRR=\exp[-3.04+0.06861(N_1)_{60cs}] \tag{8.11}$$

式(8.11)区分液化和非液化的成功率分别为 85.71%和 76.14%，说明有较高的可靠性。图 8.7 将式(8.11)与其他经验式进行了对比分析，从比较可知，式(8.11)计算的 *CRR* 与其他经验式计算结果相近。由于本书推导过程中考虑了上覆有效应力、细粒含量等参数的修正，可以认为更具合理性。

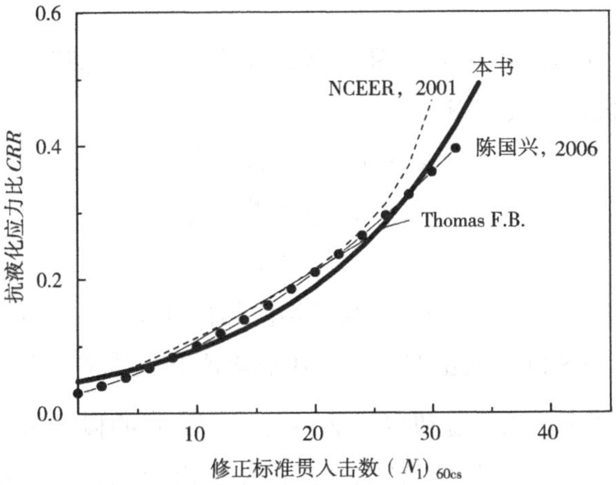

图 8.7　场地抗液化强度临界曲线的比较

8.2　一次二阶矩法在场地液化概率评价中的应用

工程可靠性是指在规定条件和时间内完成预定功能的能力，为使工程可靠性指标定量化，需引进可靠度概念。可靠度就是在规定的条件和时间内，完成预定功能的概率。可靠度的大小是用概率来度量的，概率是在闭区间[0, 1]上取值的。在场地液化评价中可以用液化概率 P_h 和抗液化安全系数 F_L 两种指标来描述可靠度。液化概率，即不可靠度或失效概率，它是特殊工程不能完成预定功能的概率，它与非液化概率 P_s 是互补的，即 $P_h+P_s=1$。计算失效概率最理想的方法，当然是在概率密度函数和分布函数已知的情况下，精确求解。但

由于影响砂土液化评价可靠性的因素很多，极为复杂，有些因素的研究尚不深入，有些因素属于主观不定性，很难用统计方法定量描述，所以准确的概率分布是很难确定的，即使确定了也很难解出来。一次二阶矩模型就是在随机变量的分布尚不清楚时，采用的一种简化数学模型。它只用平均值和标准差作统计参数，而对随机变量采用假定的分布[15]。

8.2.1 液化概率评价模型的建立

循环应力比 *CSR*(简写为 *S*)和抗液化应力比 *CRR*(简写为 *R*)作为状态变量，$Z=R-S$ 为状态函数。当

$$\left.\begin{aligned} Z=R-S>0,\ \text{为非液化状态} \\ Z=R-S=0,\ \text{为极限状态} \\ Z=R-S<0,\ \text{为液化状态} \end{aligned}\right\} \tag{8.12}$$

假定 *R* 和 *S* 均服从正态分布，其平均值和标准差分别为 μ_R、μ_S 和 σ_R、σ_S，则状态函数 $Z=R-S$ 也服从正态分布，其平均值和标准差分别为 $\mu_z=\mu_R-\mu_S$ 及 $\sigma_z=\sqrt{\sigma_R^2+\sigma_S^2}$。图 8.8 表示随机变量 *Z* 的分布，$Z<0$ 的概率为液化概率，即 $P_h=P(Z<0)$，此时其等于图中阴影部分的面积。由此图可见，由 0 到平均值 μ_z 这段距离，可以用标准差去度量，即 $\mu_z=\beta\sigma_z$。不难看出 β 与 P_h 之间存在一一对应关系，β 小时，P_h 大；β 大时，P_h 小。因此，β 与 P_h 一样可作为衡量结构可靠性的一个指标，称 β 为可靠度。

失效概率为

$$P_h = P(Z<0) = F_z(0) = \int_{-\infty}^{0} \frac{1}{\sqrt{2\pi}\sigma_z} \exp\left[-\frac{(z-\mu_z)^2}{2\sigma_z^2}\right] dz \tag{8.13}$$

引入标准化变量(即令 $\mu_t=0$，$\sigma_t=1$)

$$t=\frac{Z-\mu_z}{\sigma_z},\ dZ=\sigma_z dt \tag{8.14}$$

所以

$$P_h = \int_{-\infty}^{-\frac{\mu_z}{\sigma_z}} \frac{1}{\sqrt{2\pi}} \exp\left(-\frac{t^2}{2}\right) dt = 1-\varphi\left(\frac{\mu_z}{\sigma_z}\right) = \varphi(-\beta) \tag{8.15}$$

式中：$\varphi(\cdot)$为标准化正态分布函数。

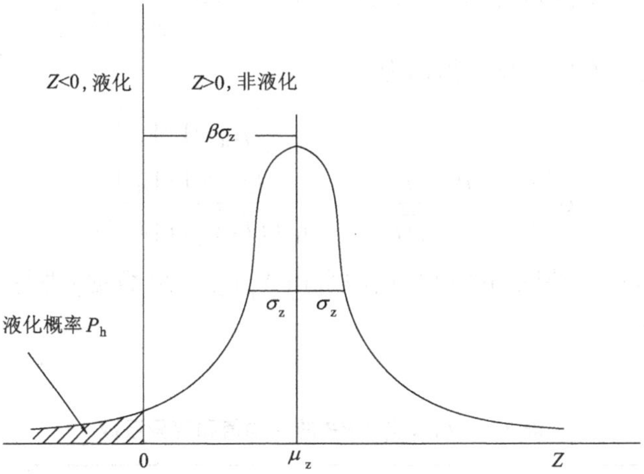

图 8.8　液化函数的概率密度分布

可靠度指标为

$$\beta=\frac{\mu_z}{\sigma_z}=\frac{\mu_R-\mu_S}{\sqrt{\sigma_R^2+\sigma_S^2}} \tag{8.16}$$

实际状态变量具有一定的偏斜，按正态分布计算时具有较大的误差。因此，有学者建议假设 R 和 S 服从对数正态分布[15]。$\ln R$ 和 $\ln S$ 的平均值为 $\mu_{\ln R}$、$\mu_{\ln S}$，标准偏差为 $\sigma_{\ln R}$、$\sigma_{\ln S}$。此时，状态函数 $Z=\ln(R/S)=\ln R-\ln S$ 服从正态分布，其平均值和标准差分别为 $\mu_z=\mu_{\ln R}-\mu_{\ln S}$ 和 $\sigma_z=(\sigma_{\ln R}^2+\sigma_{\ln S}^2)^{1/2}$。

为了直接利用 R、S 的一、二阶矩，可以将 m_z、σ_z 表示成 m_R、m_S 和 σ_R、σ_S。由对数正态分布的性质可知

$$\sigma_{\ln X}^2=\ln(1+V_X^2) \tag{8.17}$$

式中：V_X 为变异系数。

所以

$$\sigma_z=[\ln(1+V_R^2)+\ln(1+V_S^2)]^{1/2}=\{\ln[(1+V_R^2)(1+V_S^2)]\}^{1/2} \tag{8.18}$$

又

$$\mu_{\ln X}=\ln\mu_X-\frac{1}{2}\sigma_{\ln X}^2 \tag{8.19}$$

所以

$$\mu_z = \ln\mu_R - \ln\mu_S - \frac{1}{2}(\sigma_{\ln R}^2 - \sigma_{\ln S}^2) = \ln\left[\frac{\mu_R}{\mu_S}\sqrt{\frac{1+V_S^2}{1+V_R^2}}\right] \tag{8.20}$$

对数正态分布的可靠度指标为

$$\beta = \frac{\mu_z}{\sigma_z} = \frac{\mu_{\ln R} - \mu_{\ln S}}{\sqrt{\sigma_{\ln R}^2 + \sigma_{\ln S}^2}} = \frac{\ln\left[\frac{\mu_R}{\mu_S}\sqrt{\frac{1+V_S^2}{1+V_R^2}}\right]}{\sqrt{\ln[(1+V_R^2)(1+V_S^2)]}} \tag{8.21}$$

从文献[13]中获取 167 组数据(剔除$(N_1)_{60cs}>30$数据)进行统计分析，统计结果见表 8.1。

表 8.1　*CSR* 与 *CRR* 的平均值和变异系数

状态变量	平均值	变异系数
CSR	$\mu_S = 0.65\frac{a_{max}}{g}\frac{\sigma_v}{\sigma_v'}r_d MSF^{-1}K_\sigma^{-1}$	$V_S = 0.4789$
CRR	$\mu_R = \exp(-3.04+0.06861(N_1)_{60cs})$	$V_R = 0.5095$

依据传统的安全系数设计法，抗液化安全系数定义为 R 与 S 的比值，即

$$F_L = \frac{\mu_R}{\mu_S} \tag{8.22}$$

在给定状态变量变异系数 V_R、V_S 时，将式(8.22)代入式(8.21)，对某一给定的抗液化安全系数 F_L，就有一可靠度指标 β 及液化概率 P_h 与其相对应。

$$\beta = \frac{\ln\left[\frac{\mu_R}{\mu_S}\sqrt{\frac{1+V_S^2}{1+V_R^2}}\right]}{\sqrt{\ln[(1+V_R^2)(1+V_S^2)]}} = \frac{\ln[F_L]}{0.6613} - 0.0184 \tag{8.23}$$

$$P_h = \varphi(-\beta) = 1.0 - \varphi(\beta) \tag{8.24}$$

图 8.9 是抗液化安全系数与液化概率的关系图，安全系数越大，液化概率越小。图 8.10 是在假定不同变异系数条件下，抗液化安全系数与液化概率的关系图。可见对同一安全系数，当 $F_L<1.0$ 时，较大的变异系数有较小的液化概率；当 $F_L>1.0$ 时，较大的变异系数有较大的液化概率。因此，在基于一次二阶矩法进行液化概率评价时，*CRR* 与 *CSR* 的变异系数对评价结果有一定的影

响，这主要取决于样本数据。

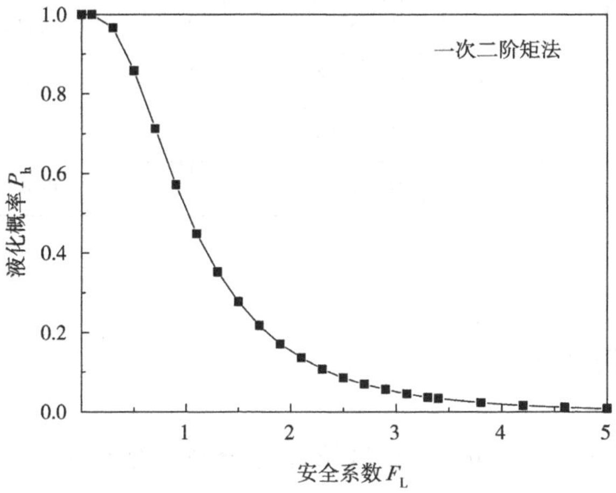

图 8.9 抗液化安全系数与液化概率的关系

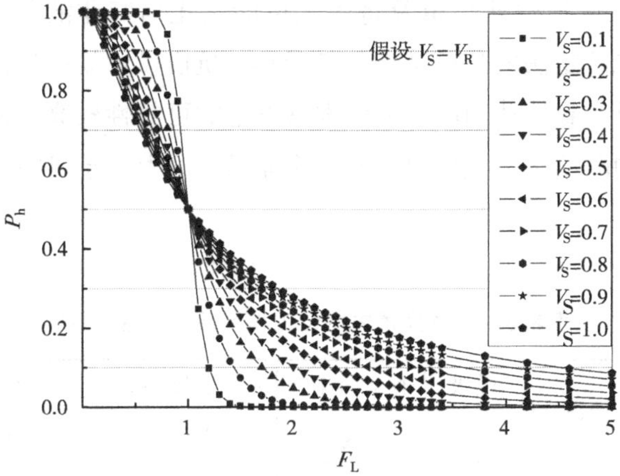

图 8.10 不同变异系数的抗液化安全系数与液化概率的关系

8.2.2 场地液化评价标准

为了工程上实用、方便，依据 $P_h=0.5$ 对应二元判别时 $F_L=1.0$ 的情形，建议按液化概率水平将场地液化概率评价分成四个等级，其标准值见表 8.2。

表 8.2　场地液化概率评价标准

分类	液化概率水平	液化评价
4	$P_h \geqslant 0.75$	肯定液化
3	$0.50 \leqslant P_h < 0.75$	有可能液化
2	$0.30 \leqslant P_h < 0.50$	不太可能液化
1	$P_h < 0.30$	肯定不液化

8.2.3　工程实例 1

镇扬大桥全长 4778 m，工程区第四纪全新统地层分布广泛，厚度可达 70 m，砂土的液化评价对大桥桩基的合理设计及抗震设计十分重要。砂土层的基本资料[2]见表 8.3，评价结果及与规范结果对比情况见表 8.4。从中可看出，如果将有可能液化划归液化组及将不太可能液化划归非液化组，作二元评价时，基于一次二阶矩法的分析结果与基于建筑抗震设计规范法的分析结果基本一致，评价结果一致性达 90%，说明本书方法的可靠性较高。同时显出本书方法的优点，即同时给出了液化概率及安全系数，这为基于风险分析的抗震设计提供了可能。

表 8.3　镇扬大桥中桥位工程区砂土层基本资料

序号	孔号	埋深/m	震级 M_W	地表加速度 /g	标贯击数 $(N_1)_{60}$	总应力 /kPa	有效应力 /kPa	细粒含量 /%
1	ZN18	20.20	6.7	0.17	25.0	377.3	183.3	1.5
2	ZN20	19.00	6.7	0.17	24.0	378.4	196.4	1.5
3	ZN22	20.50	6.7	0.17	20.0	379.2	182.2	1.5
4	ZN28	3.15	6.7	0.17	9.0	76.9	60.9	2.5
5	ZN29	2.15	6.7	0.17	7.0	60.7	22.6	2.0
6	ZN30	4.15	6.7	0.17	4.0	110.1	43.6	1.5
7	ZN2	11.70	6.7	0.17	7.0	241.3	130.8	7.5

续表8.3

序号	孔号	埋深/m	震级 M_W	地表加速度 /g	标贯击数 $(N_1)_{60}$	总应力 /kPa	有效应力 /kPa	细粒含量 /%
8	ZN4	18.35	6.7	0.17	5.0	377.7	200.7	4.5
9	ZN5	9.95	6.7	0.17	7.0	205.3	113.3	4.8
10	ZN5	12.65	6.7	0.17	10.0	260.6	141.6	4.9
11	ZN6	4.65	6.7	0.17	3.0	96.4	58.4	4.0
12	ZN7	16.05	6.7	0.17	15.0	327.3	189.3	3.2
13	ZN12	11.25	6.7	0.17	7.0	223.6	146.6	2.6
14	ZN13	9.45	6.7	0.17	5.0	191.0	100.0	4.0
15	ZN13	10.95	6.7	0.17	7.0	221.0	115.0	1.3
16	ZN13	16.85	6.7	0.17	16.0	339.0	174.0	3.3
17	ZN14	10.45	6.7	0.17	4.0	212.0	128.9	6.3
18	ZN15	10.35	6.7	0.17	6.0	208.4	111.4	3.6
19	ZN15	12.85	6.7	0.17	6.0	258.4	136.4	5.5
20	ZN16	3.45	6.7	0.17	3.5	68.7	42.3	7.0

表 8.4　基于一次二阶矩法的场地液化评价结果及与规范方法结果对比

序号	安全系数	可靠度指标	液化概率	一次二阶矩法	规范法	
					JTJ 004-89	GBJ 11-89
1	3.70	1.96	0.025	肯定不液化	不液化	不液化
2	3.50	1.88	0.03	肯定不液化	不液化	不液化
3	2.50	1.37	0.0853	肯定不液化	液化	不液化
4	1.83	0.90	0.1841	肯定不液化	液化	不液化
5	0.62	-0.74	0.7703	肯定液化	液化	不液化
6	0.46	-1.19	0.883	肯定液化	液化	液化
7	1.22	0.28	0.3897	不太可能液化	液化	不液化
8	0.78	-0.39	0.6517	有可能液化	液化	液化
9	0.89	-0.19	0.5753	有可能液化	液化	液化
10	1.33	0.41	0.3409	不太可能液化	液化	不液化

续表8.4

序号	安全系数	可靠度指标	液化概率	一次二阶矩法	规范法	
					JTJ 004-89	GBJ 11-89
11	0.50	-1.07	0.8577	肯定液化	液化	液化
12	2.00	1.03	0.1515	肯定不液化	不液化	不液化
13	1.13	0.17	0.4325	不太可能液化	液化	液化
14	0.78	-0.39	0.6517	有可能液化	液化	液化
15	0.90	-0.18	0.5714	有可能液化	液化	液化
16	1.90	0.95	0.1711	肯定不液化	不液化	不液化
17	0.88	-0.21	0.5832	有可能液化	液化	液化
18	0.89	-0.19	0.5753	有可能液化	液化	液化
19	0.89	-0.19	0.5753	有可能液化	液化	液化
20	0.75	-0.45	0.6736	有可能液化	液化	液化

8.3 尾矿坝地震液化评价可靠度模型及应用

尾矿坝液化溃坝是典型地震灾害现象，如何准确评判尾矿坝地震安全性是国内外工程抗震研究广泛关注的难题[16-18]。在传统尾矿坝地震液化分析中，大多计算参数是按照经验取值的，而忽略其未确知性，将不确定性问题作为确定性问题考虑，因而不能全面准确地反映尾矿坝的安全度[19, 20]。为了同基于可靠度理论的场地设计相一致，尾矿坝地震安全评价也应采用概率法，明确给出具有概率意义的评价结果，把工程设计和现有工程的安全评价建立在可靠度分析的基础上是当前的发展趋势。如张明等[21]对土石坝边坡稳定可靠度分析和设计问题进行研究，给出了利用安全系数与可靠度指标之间的关系确定结构系数的方法。张超等[22]以极限平衡理论和传统安全系数方法为基础，将可靠度理论引入尾矿坝稳定性分析中。董陇军等[23]针对尾矿坝地震稳定的极限平衡分析问题，运用盲数计算法分析稳定性系数在不同取值区间内的可信度。王飞跃等[24]将模糊可靠度理论应用到尾矿坝的稳定性研究中。胡平安和韩森[25]将 JC 法应用到尾矿坝稳定性评价中，发现可靠度指标对坝体材料物理力学参数变异性的敏感度高于安全系数。这些研究大都是坝体稳定性方面的，而基于可靠度理论尾矿坝地震液化评价方面的研究尚少见。

本书将可靠度理论引入尾矿坝地震安全评价中，用一次二阶矩法建立尾矿坝地震液化评价模型，探讨可靠度指标与抗液化安全系数之间的关系，并进行实例分析，为尾矿坝抗震设计及防灾减灾决策提供理论基础和技术支持。

8.3.1 尾矿坝地震液化评价可靠度模型

8.3.1.1 尾矿坝地震液化极限状态方程

选取地震作用应力比 S 和抗液化应力比 R 作为状态变量，$Z=g(X)=R-S$ 为状态函数。对于中小型尾矿坝，在较低地震烈度液化分析时，建议基于 Seed 简化法的地震作用应力比按式(4.55)计算[19]。

尾矿坝抗液化能力受很多因素影响，为了简化计算，主要考虑中值粒径、相对密度、静剪应力比和地震震级的影响，其他因素综合为一个影响系数，在抗震设计规范基础上，建议抗液化应力比 R 按式(4.58)计算[10, 19]。

尾矿坝地震液化极限状态方程为

$$Z=g(X)=R-S=0 \tag{8.25}$$

8.3.1.2 尾矿坝地震液化评价可靠度分析

根据前述的一次二阶矩法理论，可靠度指标为[15]

$$\beta=\frac{m_z}{\sigma_z}=\frac{m_{\ln R}-m_{\ln S}}{\sqrt{\sigma_{\ln R}^2+\sigma_{\ln S}^2}}=\frac{\ln\left[\frac{m_R}{m_S}\sqrt{\frac{1+V_S^2}{1+V_R^2}}\right]}{\sqrt{\ln\left[(1+V_R^2)(1+V_S^2)\right]}} \tag{8.26}$$

从已有文献中收集 51 组尾矿坝测试数据，进行统计分析，统计结果见表 8.5[26-31]。

表 8.5 S 与 R 的均值和变异系数

状态变量	平均值	变异系数
S	$m_S=0.2626$	$V_S=0.3486$
R	$m_R=0.2694$	$V_R=0.3128$

将表中变异系数代入式(8.26)得

$$\beta=\frac{\ln\left[\frac{\mu_R}{\mu_S}\sqrt{\frac{1+V_S^2}{1+V_R^2}}\right]}{\sqrt{\ln[(1+V_R^2)(1+V_S^2)]}}=\frac{\ln\left[\frac{\mu_R}{\mu_S}\right]}{0.4563}+0.0232 \tag{8.27}$$

8.3.1.3 可靠度指标与抗液化安全系数的关系

传统的设计原则是抗液化应力比不小于液化应力比，其抗液化安全系数定义为 R 与 S 的比值，即

$$F_L=\frac{m_R}{m_S} \tag{8.28}$$

从统计学的观点来看，抗液化安全系数 F_L 有两个问题：①它没有定量地考虑抗液化应力和地震荷载效应的随机性，往往靠经验或工程判断的方法取值。因此，无法避免人为的因素，判断结果过多地含主观臆断成分；②F_L 只与 R、S 的相对位置有关，而与 R、S 的离散程度(V_R、V_S)无关[15]。实际上，可靠度指标不仅与 m_R、m_S 的相对位置有关，而且还反映了它们的离散程度(V_R、V_S)，所以可靠度指标相比抗液化安全系数 F_L 能更好地反映尾矿坝地震液化安全度的实质。

在给定状态变量变异系数 V_R、V_S 时，将式(8.28)代入式(8.27)，对某一给定的抗液化安全系数 F_L，就有一可靠度指标 β 及液化概率 P_L 与其相对应。

$$\beta=\frac{\ln\left[\frac{\mu_R}{\mu_S}\sqrt{\frac{1+V_S^2}{1+V_R^2}}\right]}{\sqrt{\ln[(1+V_R^2)(1+V_S^2)]}}=\frac{\ln[F_L]}{0.4563}+0.0232 \tag{8.29}$$

$$P_L=\varphi(-\beta)=1.0-\varphi(\beta) \tag{8.30}$$

根据震害分析，地震时尾矿坝可能发生流滑表明其破坏机制是由于坝体中

尾矿或坝基中砂土液化引起的，而地震惯性力对尾矿坝的影响则是次要的。液化分析在于确定尾矿坝是否具备发生流滑的条件，而稳定性分析则是考虑坝体和坝基中液化的高孔隙水压力区对其稳定性的影响，即发生流滑的可能性[10]。与传统抗液化安全系数分析方法相比，采用可靠度或液化概率的表达方式，能全面地反映在坝体不同区域内液化可能性的大小，避免由于参数取值单一而造成计算抗液化安全系数时的偏差，从而能更全面地判断尾矿坝的地震安全状态，进一步完善尾矿坝抗震设计和地震安全评价理论。

8.3.2　工程实例 2

某尾矿坝经上游式填筑而成，根据尾矿库目前标高(+281.5 m)的工程勘察资料，具体材料分布如图 8.11 所示。从下游坡往库内材料依次为尾细砂、尾粉砂、尾粉土和强风化正长岩，滩长为 70 m，具体参数见表 8.6[19]。依据尾矿坝设计要求，震级为 7.5 级，对应 $N_e = 15.0$；设防烈度为 7 度，对应水平设计地震加速度代表值 $k_h = 0.15g$。分别在上、下游坝坡处选择 3 个分析点，如图 8.11 所示，依据本书计算方法进行分析，结果见表 8.7。

从计算结果可知，该坝已发生局部液化现象，说明存在一定的液化流滑风险，有必要进一步分析稳定性。同时主管部门应重视尾矿坝的安全设施的维护，在后期筑坝的过程中应该采取更加合理的筑坝技术，或采取有效措施，如降低浸润线高度，减小饱和区域，以增强坝体的地震安全性。

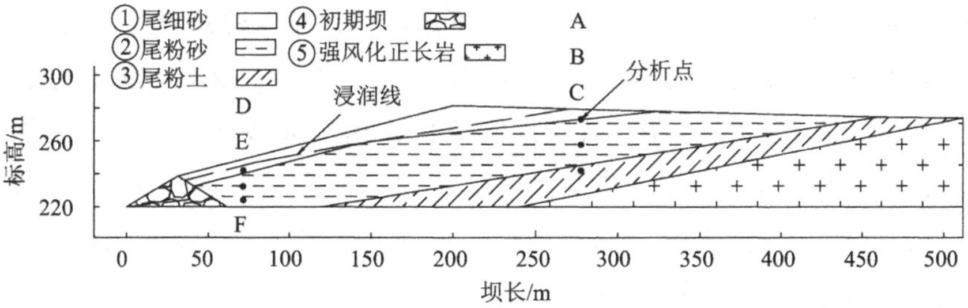

图 8.11　尾矿坝概化剖面图

表 8.6　尾矿物理力学性能指标

土层名称	γ /(kN·m⁻³)	γ_m /(kN·m⁻³)	c' /kPa	φ' /(°)	d_{50}/mm	D_r/(%)
尾细砂	17.5	18.8	11.7	27.7	0.20	50.0
尾粉砂	19.2	19.2	21.6	26.0	0.15	40.0
尾粉土	19.8	19.8	16.1	28.2	0.05	45.0

表 8.7　计算结果

分析点	σ_v/kPa	σ'_v/kPa	r_d	λ_d	a_s	S	R	F_L	β	P_L
A	113.93	53.33	0.79	1.0	0.015	0.33	0.27	0.82	−0.41	0.66
B	410.38	195.38	0.48	0.8	0.039	0.20	0.20	1.00	0.02	0.52
C	715.87	340.83	0.37	1.0	0.045	0.15	0.21	1.40	0.76	0.22
D	126.46	94.66	0.37	1.0	0.116	0.10	0.24	2.40	1.94	0.03
E	308.39	181.49	0.31	0.8	0.105	0.10	0.19	1.90	1.43	0.08
F	465.83	256.93	0.26	0.8	0.097	0.09	0.19	2.11	1.66	0.05

8.3.3　工程实例 3

某尾矿坝采用上游式填筑而成，根据尾矿库标高(+281.5 m)的工程勘察资料，具体材料分布如图 8.12 所示。从下游坝坡往库内材料依次为尾细砂、尾粉砂、尾粉土和强风化正长岩，滩长为 70 m，土体参数见文献[19]。依据尾矿坝设计要求，震级为 7.5 级，对应地震等价作用次数 $N_e=15.0$；设防烈度为 7.5 度，对应水平设计地震加速度代表值 $k_h=0.15g$。在上游坝坡同一标高选取 3 个分析点以其代表不同砂土进行分析。根据上述尾矿坝地震液化评价可靠度模型进行计算，计算结果见表 8.8。

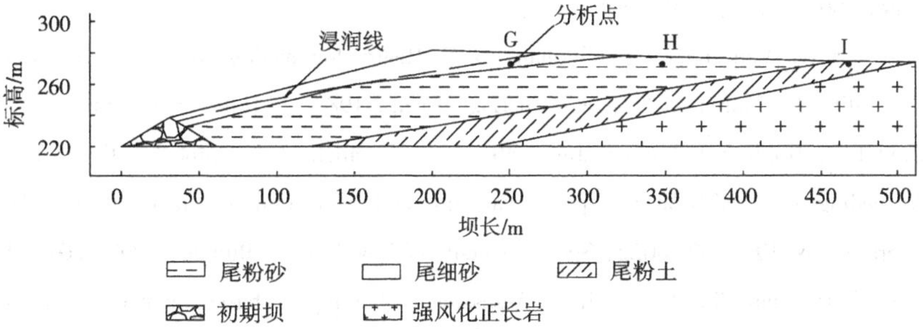

图 8.12　尾矿坝概化剖面图

表 8.8　计算结果

分析点	d_{50}/mm	S	R	F_L	β	P_L
G	0.20	0.21	0.25	1.19	0.40	0.34
H	0.15	0.35	0.19	0.54	−1.33	0.91
I	0.05	0.37	0.21	0.57	−1.21	0.89

从计算结果可知，尾粉砂液化概率较大，而细砂较小，证实了尾矿砂颗粒越细，液化概率越大；但尾粉土颗粒最小，其液化概率与尾粉砂相近，主要是因为黏粒含量较大，对尾粉土的抗液化强度影响很大。本实例试验尾矿颗粒小于0.075 mm 的含量很少，应属于砂类，可见颗粒越小越易发生液化的趋势，主要是针对尾砂而言的。

参考文献

[1] 吴再光，韩国城，林皋. 随机土动力学概论[M]. 大连：大连理工大学出版社，1992.

[2] 汪明武，罗国煜. 可靠性分析在砂土液化势评价中的应用[J]. 岩土工程学报，2000，22(5)：542-544.

[3] 余跃心，刘汉龙，高玉峰. 场地液化势评价概率模型[J]. 工程勘察，2002，34(5)：4-7.

[4] 余跃心. 砂土液化判别方法可靠性评价[J]. 岩土力学，2004，25(5)：803-807.

[5] 余跃心. 二维场地液化势预测的神经网络方法[J]. 岩土力学，2004，25(10)：1569-1574.

[6] 陈国兴, 李方明. 基于径向基函数神经网络模型的砂土液化概率判别方法[J]. 岩土工程学报, 2006, 28(3): 301-305.

[7] Liao S S C, Veneziano D, Whitman, R V. Regression models for evaluating liquefaction probability[J]. Journal of Geotechnical Engineering, 1988, 114(4): 389-411.

[8] Youd T L, Noble S K. Liquefaction criteria based statistical and probabilistic analysis[C]. Proceedings of NCEER Workshop on Evaluation of Liquefaction Resistance of Soil, Technical report No: NCEER-97-0022, State university of New York at Buffalo, 1997, 201-216.

[9] Juang C H, Jiang T, Andrus R D. Assessing probability - based methods for liquefaction potential evaluation[J]. Journal of Geotechnical and Geoenvironmental Engineering, 2002, 128(7): 580-589.

[10] 冶金部建筑研究总院. 构筑物抗震设计规范(GB 50191—93)[S]. 北京: 中国计划出版社, 1993.

[11] Lai S Y, Chang W J, Lin P S. Logistic regression model for evaluating soil liquefaction probability using CPT data[J]. Journal of Geotechnical and Geoenvironmental Engineering, 2006, 132(6): 694-704.

[12] Horowitz J L. Evaluation of usefulness of two standard goodness - of - fit indicators for comparing non - nested random utility models [R]. Advances in Trip Generation, Transportation Research Record 874, Transportation Research Board, National Research Council, Washington, 1982, 19-25.

[13] Cetin K O, Seed R B, Kiureghian A D, et al. Standard penetration test-based probabilistic and deterministic assessment of seismic soil liquefaction potential[J]. Journal of Geotechnical and Geoenvironmental Engineering, 2004, 130(12): 1314-1340.

[14] Yord T L, Idriss I M. Liquefaction resistance of soils: summary report from the 1996 NCEER and 1998 NCEER/NSF workshops on evaluation of liquefaction resistance of soils[J]. Journal of Geotechnical and Geoenvironmental Engineering, 2001, 127(4): 297-313.

[15] 赵国藩, 曹居易, 张宽权. 工程结构可靠度[M]. 北京: 科学出版社, 2011.

[16] Ishihara K. Post-earthquake failure of a tailings dam due to liquefaction of the pond deposit [C]. International conference on case histories in geotechnical engineering, Stolouis, Geotechnical Engineering, 1984(3): 1129-1143.

[17] 孔宪京, 潘建平, 邹德高. 尾矿坝液化流动变形分析[J]. 大连理工大学学报, 2008, 48(4): 0541-0545.

[18] 柳厚祥, 廖雪, 李宁, 等. 高尾矿坝的有效应力地震反应分析[J]. 振动与冲击, 2008, 27(1): 65-70.

[19] 潘建平，孔宪京，邹德高. 尾矿坝地震液化稳定的简化分析[J]. 水利学报，2006，37(10)：1224-1229.

[20] 高艳平，王余庆，辛鸿博. 尾矿坝地震液化简化判别法[J]. 岩土工程学报，1995，17(5)：72-79.

[21] 张明，刘金勇，麦家煊. 土石坝边坡稳定可靠度分析与设计[J]. 水力发电学报，2006，25(2)：103-107.

[22] 张超，杨春和，徐卫亚. 尾矿坝稳定性的可靠度分析[J]. 岩土力学，2004，25(11)：1706-1711.

[23] 董陇军，赵国彦，宫凤强，等. 尾矿坝地震稳定性分析的区间模型及应用[J]. 中南大学学报(自然科学版)，2011，42(1)：164 - 169.

[24] 王飞跃，徐志胜，董陇军. 尾矿坝稳定性分析的模糊随机可靠度模型及应用[J]. 岩土工程学报，2008，30(11)：1600 - 1605.

[25] 胡平安，韩森. 基于 JC 法尾矿坝稳定性可靠度研究[J]. 中国安全生产科学技术，2010，6(4)：56 - 60.

[26] 金晓媚，王余庆. 尾矿材料静力、动力参数规律性的研究[R]. 北京：冶金部建筑研究总院，1993.

[27] 王余庆，辛鸿博. 用动单剪仪研究大石河尾矿砂的动特性[J]. 工业建筑，1995，25(3)：37-40.

[28] 张超，杨春和. 细粒含量对尾矿材料液化特性的影响[J]. 岩土力学，2006，27(7)：1133-1137.

[29] 陈存礼，何军芳，胡再强，等. 尾矿砂的动力变形及动强度特性研究[J]. 水利学报，2007，38(3)：365-370.

[30] 张超，杨春和，白世伟. 尾矿料的动力特性试验研究[J]. 岩土力学，2006，27(1)：35-40.

[31] 阮元成，郭新. 饱和尾矿料静、动强度特性的试验研究[J]. 水利学报，2004，35(1)：67-73.

第 9 章

基于三维离散元某尾矿坝溃坝模拟

9.1 尾矿坝工程概况

某尾矿库拦洪坝南东约 100.0 m，毗邻其他矿山通风井、废石渣场(标高约 190.0 m)。副坝北侧约 50.0 m 有矿山卷扬机房、采矿竖井(标高 183.0 m)等建构筑物。根据矿山提供的井上井下对照图，可知采矿区域走向与尾矿库库区堆填方向相反，尾矿库与采矿区不会造成互相影响。初期坝下游约 150.0 m 是乡道、河流，河对岸有近 10 亩农田。沟内无耕地及农户，沟口右侧有脱水车间、污水处理站，左侧有矿山办公楼和选厂(距主坝坝脚约 50.0 m，标高 150.0 m)，库区下游 1000.0 m 范围内(垂直尾矿坝坝轴线，顺着河道)有职工住宅区(距主坝坝脚约 600.0 m，地面标高 145.0 m)、乡镇敬老院(距主坝坝脚约 650.0 m，地面标高 150.0 m)、乡镇卫生院(距主坝坝脚约 800.0 m，地面标高 155.0 m)，库区下游 2000.0 m 范围内有镇政府、学校及居民区(距主坝坝脚大于 800.0 m，地面标高大于 150.0 m)，无工矿企业、大型水源地、水产基地，无全国和省重点保护名胜古迹和不良地质现象，地质构造简单。尾矿库周边建构筑物分布情况见图 9.1。

按照尾矿库加高扩容方案，在 1 : 2000 地形图上对加高扩容增加的库容进行量算。此次加高扩容设计继续采用尾矿干式堆存方式进行加高的设计，主坝体可堆填至标高 210.0 m，右侧支沟可堆填至标高 240.0 m，增加的总库容量为

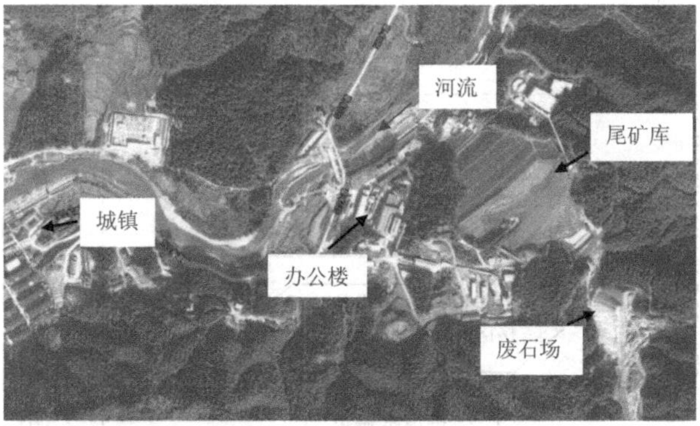

图 9.1　尾矿库卫星图(未加高扩容时)

119.15×10^4 m^3，考虑库容利用系数及预留调洪库容，有效库容为 107.23×10^4 m^3。以选厂规模 1000 t/d、尾矿堆积干容重 1.5 t/m^3 计算，年最大入库尾矿量 19.8×10^4 m^3，考虑尾砂井下充填量后，平均年入库尾矿量为 11.8×10^4 m^3。加高扩容增加的库容可为选厂延长服务年限 9.09 年[1]。

此次加高扩容后尾矿库设计最终堆积坝顶标高 240 m，总坝高 94 m，总库容 320.848×10^4 m^3。按照《尾矿设施设计规范》(GB 50863—2013)中表 3.3.1 尾矿库等别划分的规定，按总库容尾矿库的等别为四等[$(100\leqslant V<1000)\times10^4$ m^3]，按总坝高尾矿库的等别为三等($60\leqslant H<100$ m)，因此，尾矿库的等别应为三等[2]。

9.2　工作流程

本章先根据动力计算确定滑移面，进而确定滑移体体积，建立滑体和滑床模型；然后在极端工况条件下(即滑体内全部尾矿颗粒在自重作用下启动下滑)，基于三维离散元分析坝体滑移对下游的影响，研究尾矿颗粒滑移及堆积特征。工作流程如图 9.2 所示。

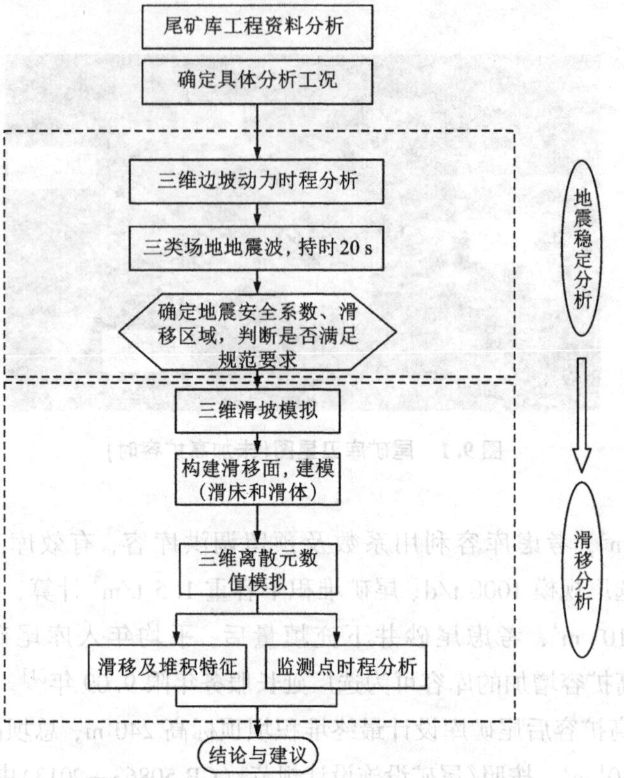

图 9.2　工作流程

9.3　动力时程分析

9.3.1　计算参数与模型

根据地勘资料，建立时程分析有限差分法动力计算模型。模型共分为 8 个部分，分别为堆石棱体，初期坝、尾粉细砂、湿尾粉土、干堆尾粉土(干堆尾粉土浸润线以上)、干堆尾粉土(干堆尾粉土浸润线以下)、基岩和 C15 混凝土。以初期坝轴线方向作为 Y 方向，初期坝上游作为 X 方向，建立局部坐标系。本构模型采用 Finn 模型，表 9.1 为相关的材料参数，场地四周添加自由场运动边界，图 9.3 为地震稳定分析计算模型。

表 9.1　地震计算相关岩土参数选取

岩土名称及编号	容重/浮容重 /(kN·m^{-3})	黏聚力 C/kPa	内摩擦角 φ/(°)	压缩模量 E_s/MPa	泊松比 ν	弹性模量 E/MPa	体积模量 K/MPa	剪切模量 G/MPa	抗拉强度 /MPa	孔隙比	标准贯入击数	d_{50}/mm
干堆尾粉土(水位以上)	22.3	19.0	16.1	7.57	0.4	8.58	14.30	3.06	0	0.667	11.4	0.062
干堆尾粉土(水位以下)	22.6/12.6	15.2	13.3	7.59	0.4	8.60	14.34	3.07	0	0.712	9.0	0.062
湿尾粉土	22.2	17.0	15.1	7.59	0.4	8.60	14.34	3.07	0	0.708	9.0	0.062
尾粉细砂	22.0	12.2	20.7	14.99	0.4	16.99	28.31	6.07	0	0.696	11.2	0.16
初期坝	19.5	17.9	22.2	8.08	0.4	9.16	15.26	3.27	0	0.701	14.4	—
堆石棱体	19.5	17.9	22.2	8.08	0.2	9.16	15.26	3.27	0	0.701	14.4	—
基岩	26.7	600	45	20000	0.2	60000.00	33333.33	25000.00	1.1	—	28.5	—
C15 混凝土	26.7	600	45	20000	0.2	20000.00	11111.11	8333.33	1.1	—	—	—

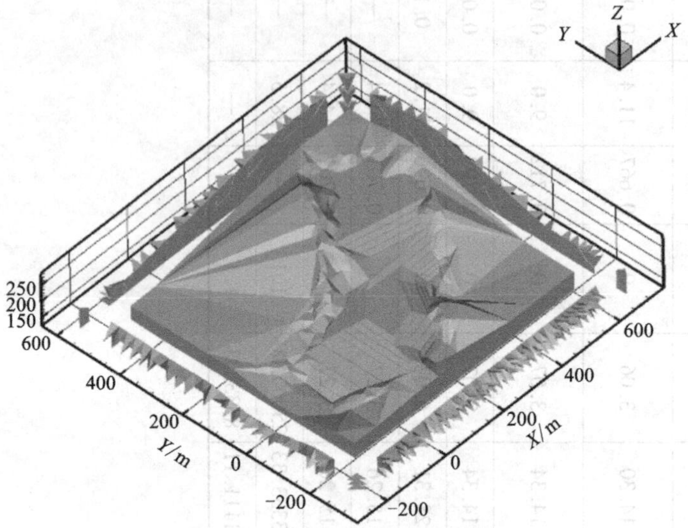

图 9.3　地震稳定分析计算模型

9.3.2　地震波与计算工况

根据地勘资料，尾矿坝所在场地为三类场地，地震烈度为 6 度，最大地震加速度为 0.05g，加速度持续时间为 20 s，设计地震分组为 1 组，地震周期为 0.45 s。采用人工合成地震波，地震加速度时程曲线如图 9.4 所示。

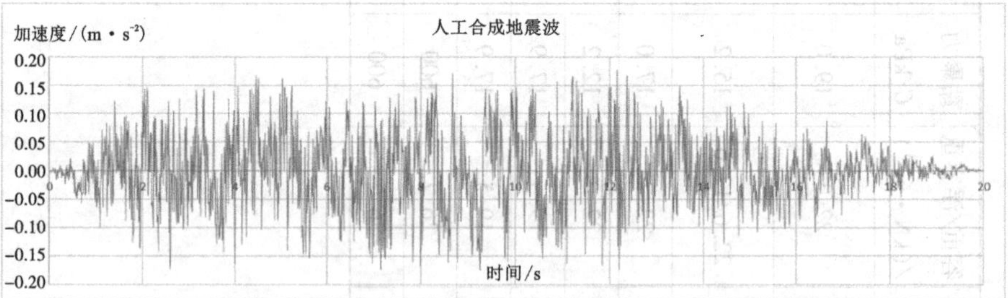

图 9.4　人工合成地震波加速度时程曲线

9.3.3　动力计算结果

通过提取地震历时每一秒的计算结果，采用强度折减法对地震作用过程中的尾矿坝进行边坡稳定分析。图 9.5 为每一秒边坡稳定安全系数的计算结果图，最小值为 1.11，地震结束后的边坡稳定安全系数为 1.13，满足规范要求。

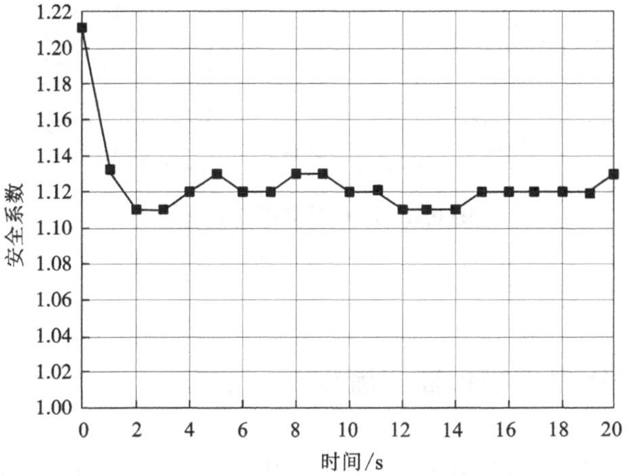

图 9.5　地震边坡稳定安全系数

9.4　三维离散元溃坝模拟

9.4.1　PFC 简介

颗粒流程序(particle flow code，PFC)，是基于离散元的方法来模拟圆盘或球颗粒介质的运动及其间相互作用的程序。它可以模拟物体的大变形，适合模拟像流滑(flow slide)、大型岩崩(rock avalanche)等具有大变形特征的灾害过程，给灾害风险的评估提供一些定量的指标，如滑速、滑距、影响范围等。

PFC 模型由两种最基本的实体构建：颗粒(ball)与墙(wall)。墙一般用来模拟边界，颗粒可以用来模拟岩土体也可以用来模拟边界。PFC 在完整计算循环过程中，交替使用力-位移定律(Force-Displacement Law)和运动定律(Law of Motion)。如图 9.6 所示，通过力-位移定律不断更新颗粒(Ball)、墙(Wall)及接触对的接触力；通过运动定律不断更新颗粒与墙(边界)的位置，从而形成颗粒之间新的接触。

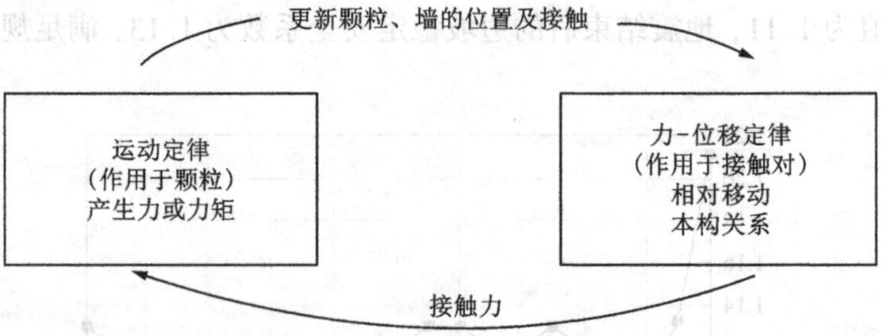

图 9.6　PFC 计算循环过程[3]

9.4.2　PFC3D 滑坡模拟建模流程

开展滑坡运动过程模拟的首要工作是建立滑坡模型，PFC 虽然具备强大的滑坡运动过程模拟手段，但其在建立滑坡模型的前处理方面较弱，这使得其在滑坡运动过程模拟中的推广应用受到了限制。目前 PFC 滑坡模型常以数字地形模型(DTM)或数字高程模型(DEM)为基础建立，但直接采用 DTM 或 DEM 为数据源建模并不直观，实际操作也较为复杂。

针对 PFC 软件前处理的不足，本书利用地形数据转化的数字高程数据为数据源，基于数字等高线地形图建立三维滑坡模型。

基于 PFC 建立滑坡模型一般有两种方法：一种是 Ball-Ball 法；另一种是 Ball-Wall 法。Ball-Ball 法是用颗粒构建滑体和滑坡的滑床及边界，然后依据地层性质不同，给不同位置颗粒赋不同的属性的方法。Ball-Wall 法是仅用颗粒组建滑体，而滑床及边界用墙来构建的方法。Ball-Ball 法的优点是可以模拟滑坡启动及滑动过程，有助于更好地理解失稳及滑动机理；缺点是所需颗粒较多，运行速率较慢，耗费时间较长。另外由颗粒组成的滑床受到颗粒直径大小的影响，表面粗糙度高。滑床虽然在滑动过程中处于静止状态，但会与滑动中的滑体颗粒相互嵌套、碰撞，产生额外的应力，直接给滑体的滑动带来阻力，过多地消耗滑动能量。这虽然对滑体体积影响不大，但极大地影响了滑距和滑速，给安全风险分析带来较大误差。Ball-Wall 法主要用于模拟滑面已知的滑动过程，优点是针对研究问题，所需颗粒相对较少，节省运算时间；缺点是对于滑面未知的边坡，需用其他程序计算确定滑面，然后利用确定的滑面来模拟滑动过程，本书采用 Ball-Wall 法建立滑坡模型[3]。

建立 PFC 滑坡模型大致需要四个步骤：获取地形数据、确定滑体和滑床区域、建立滑体和滑床几何模型、生成颗粒模型。

地形数据是能够表示地球表面高低起伏状态的数据，其精度直接影响模型的精度。获取高精度地形数据主要有两种方法：①现场高精度测量，如利用 GPS、全站仪等工具测量；②遥感影像，如遥感卫星、无人机航测等。为方便工程使用，常将地形数据转换为数字高程数据，从而有利于计算机对高程数据的读取和调用。

在确定滑体和滑床过程中，对于已经发生的滑坡，可利用现场的勘测结果来确定；对于潜在不稳定的滑坡或评估某边坡失稳后的运动过程，一般利用有限元、极限平衡等方法来确定滑体大小。在确定滑体和滑床区域后，再对地形数据进行分析和处理，可借助建模软件生成滑体和滑床的几何边界模型并导入 PFC 中，这种几何模型在 PFC 中称为“Geometry”。

PFC 生成颗粒模型是建模的关键，目前生成颗粒模型常用的方法是膨胀法，即先在指定的区域内生成较小颗粒，然后依据一定的放大系数逐级膨胀，直到颗粒充满模型边界。该方法操作简单，但生成颗粒时膨胀系数难以控制，常造成颗粒间重叠量较大，且颗粒间内力较高，颗粒容易飞溢出边界。鉴于上述颗粒生成方法的缺点，本书采用 PFC 自带的 ball distribute 填充法生成颗粒模型，先设定颗粒的粒径和孔隙率，生成一个大于滑体区域的块体，然后在块体区域中填充足够数量的颗粒，再删掉超出范围的颗粒。

对应于 PFC3D 滑坡模型，Ball-Wall 模型需用表面模型构建，Ball-Ball 模型则用实体模型构建。本书采用 Ball-Wall 法来建立模型，Wall 作为刚性体材料，建模选择三维表面模型。

三维表面模型是基于离散的高程数据点建立的，其建立主要有两条途径：第一条是通过数据插值建立规则网格；第二条是直接由原始数据按一定规则连接建立不规则三角网格。在第二条途径中，当离散数据点不够密时，三角面过于稀疏，生成的表面很粗糙，难以满足工程要求。因此，在实际建模中多采用第一条途径建立较为精细的规则网格。

根据业主提供的 1∶2000 地形图，确定滑床模型尺寸为 1180. 20 m(东西)×768. 24 m(南北)。根据动力时程分析结果，以最小地震安全系数(F=1. 11)的滑移面来确定滑体体积，并对等高线进行适当处理。在滑体区域保留滑坡后的等高线，在其余区域保留滑坡前的等高线，从而得到滑体边界(图 9. 7)和滑床边界(图 9. 8)的两部分等高线，再以其建立三维表面模型，并导入到 PFC3D 中作为"Geometry"，其中滑床边界的"Geometry"作为 Wall 模型，滑床有 5645 个面。

同理，滑体边界的"Geometry"作为 Ball 模型。在滑体区域采用 ball distribute 法填充颗粒，设置颗粒的半径为 0. 5~2. 0 m，孔隙率为 0. 41，在滑体区域填充足够数量的颗粒，再删掉超出范围的颗粒，滑体有 67525 个颗粒。

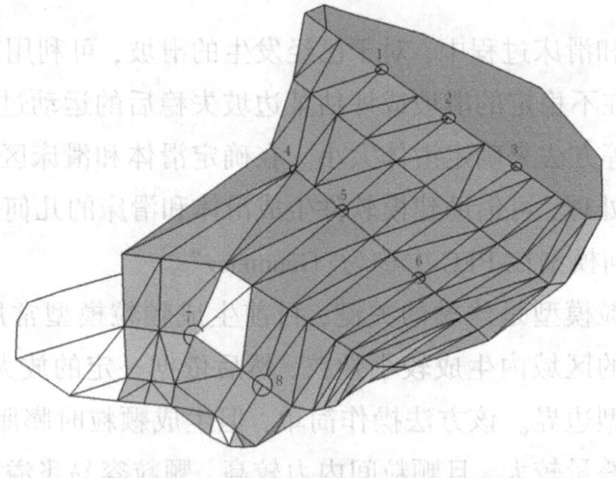

图 9. 7　滑体及监测点(滑体体积 = 372021. 57 m³)

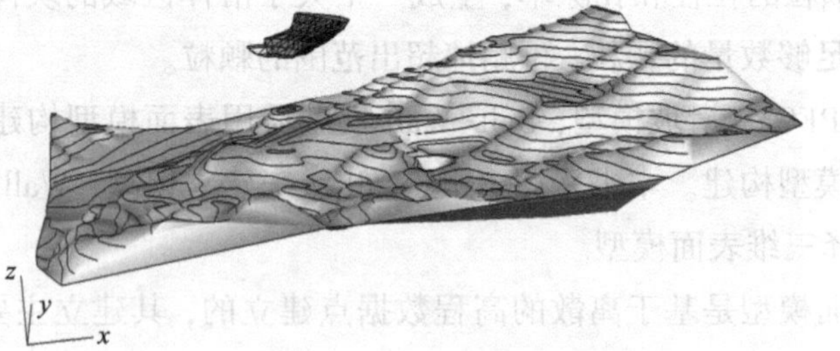

图 9. 8　滑床

9.4.3　三轴数值模拟试验

PFC 中细观材料参数需要经过大量的数值模拟试验得到，根据模拟结果与试验结果的比较，两者吻合度较好时，数值模拟试验中的各参数值就是实际材料的各细观参数值。三轴试验常用来测试土体强度特性，本书运用 PFC3D 的 FISH 语言，通过编写程序来实现三轴试验模拟，进行各围压下的局部应变破坏过程的细观分析，获得应力-应变曲线，确定干堆尾矿的强度，并与实测值对比，进而确定滑坡模拟中的细观参数。

9.4.3.1 颗粒的生成

PFC3D 三轴模型是由一个圆柱形墙面围绕的颗粒体以及上下两面压缩板组成的。其中，上下两面压缩板在试样压缩过程中，上压缩板对试样进行压缩剪切，下压缩板保持不动；圆柱形墙面在压缩剪切过程中通过伺服系统维持恒定围压。应力-应变数据的收集与整理是根据墙面所受力的情况以及墙面相对位移决定的。

本模拟试验先生成一个圆柱形模型，再在模型里生成随机分布的颗粒。通过拟定颗粒的大小范围(rlo-rhi)、孔隙率(porosity)和试样尺寸(height 和 width)来控制颗粒的生成。为了模拟土样在加载剪切过程中出现较大的应变，有必要将圆柱墙面的尺寸做得比土样的尺寸要大，生成试样模型示意如图 9.9 所示。

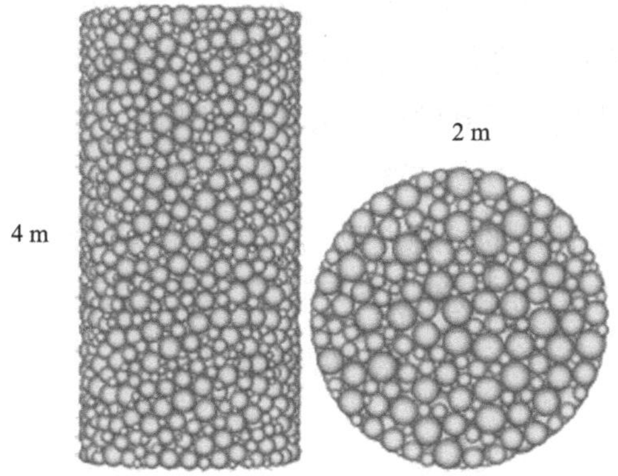

图 9.9　试样模型示意图

图 9.9 显示初始黏结模型的尺寸是高 4.0 m、直径 2.0 m，模型中各个参数的单位是密度(kg/m^3)、颗粒刚度(N/m)、接触黏结刚度(N/m)和接触黏结强度(Pa)。

9.4.3.2 模型中土样

土样是通过设置上压缩板的加载速度以控制应变模式来实现加载的。在加载过程中，上压缩板向下移动，压缩试样颗粒，颗粒间产生相互作用力。试样是根据上压缩板给定的速度进行压缩的。试样的应力应变状态是根据 FISH 函数 get_ss 中的程序计算得到的，应力是计算上下压缩板所受的力除以压缩板的面积得到的，应变是根据上下压缩板、圆柱形墙面在压缩过程中的位置计算得到的[4]。在 X 轴和 Y 轴方向上的应变计算式为

$$\varepsilon=\frac{L-L_0}{0.5(L_0+\mathrm{L})} \tag{9.1}$$

式中：L 表示压缩过程中墙面的最新长度；L_0 是指试样的初始长度。试样在压缩过程中的最新长度和宽度都会运用到应力和应变计算中。

在压缩过程中，控制围压为一个常量，运用 Servo 函数和 Get_gain 函数通过调节侧面墙的速度来控制围压。Servo 函数在每次循环中都调用一次，Get_gain 函数是通过计算侧面墙的应力并通过 Servo 函数调节墙面的速度来调节围压的，并使计算得到的围压和实际围压的误差降到最低。变量 y_servo 是一个开关，当其值为零时，伺服系统将关闭，上下压缩板没有速度，试样不压缩[4]。当其值为非零时(一般设置为 1.0)，伺服系统速度按式(9.2)计算。

$$\dot{u}^{(\omega)}=G(\sigma^{\text{measured}}-\sigma^{\text{required}})=G\Delta\sigma \tag{9.2}$$

式中：G 是一个计算得到的参数，根据式(9.7)计算得到。

在每一步时间内墙面受到的最大力增量由式(9.3)决定。

$$\Delta F^{(\omega)}=k_{\mathrm{n}}^{(\omega)}N_{\mathrm{c}}\dot{u}^{(\omega)}\Delta t \tag{9.3}$$

式中：N_{c} 表示一面墙体上的接触点数，$k_{\mathrm{n}}^{(\omega)}$ 表示这些接触点的平均刚度。

因此，墙体平均应力的改变量为

$$\Delta\sigma^{(\omega)}=\frac{k_{\mathrm{n}}^{(\omega)}N_{\mathrm{c}}\dot{u}^{(\omega)}\Delta t}{A} \tag{9.4}$$

式中：A 是墙的面积。

为了试样压缩稳定进行，墙体平均应力改变量的绝对值必须小于压缩过程

中测得应力值和需要达到应力值之差的绝对值。事实上，一个松弛系数将运用到压缩稳定上，且表示为式(9.5)。

$$|\Delta\sigma^{(\omega)}| < \alpha |\Delta\sigma| \tag{9.5}$$

将式(9.2)和式(9.4)代入式(9.5)中得到

$$\frac{k_n^{(\omega)} N_c G |\Delta\sigma| \Delta t}{A} < \alpha |\Delta\sigma| \tag{9.6}$$

从而得到 G 的计算公式为

$$G = \frac{\alpha A}{k_n^{(\omega)} N_c \Delta t} \tag{9.7}$$

通过以上公式计算得到在上压缩板压缩过程中，上下两压缩板的不平衡力即颗粒对墙的力在逐渐增大，当不平衡力达到设置的竖向荷载时，加载结束。

9.4.3.3 各细观参数的确定

在离散元颗粒流模型中由于不同的参数调节方法，有时会得到相同的宏观力学反应——应力-应变曲线，所以细观参数的确定尤为重要。在三轴模型试验中，要考虑的因素很多，如初始杨氏模量 E_c、颗粒抗剪强度 c、颗粒刚度比 k_n/k_s、颗粒最小半径 R_{min}、颗粒最大最小半径比 $Ratio_{R max/R min}$、试样的密度 ρ 等。本书根据已有试验结果确定部分参数，然后拟定部分细观参数，通过反复进行三轴数值模拟试验，最终确定具体细观参数值如表 9.2 所示。

表 9.2　三轴模型试验中各细观参数

细观参数	符号及单位	数值
密度	$\rho/(kg \cdot m^{-3})$	2230
法向刚度	$k_n/(N \cdot m^{-1})$	10^7
切向刚度	$k_s/(N \cdot m^{-1})$	10^7
颗粒半径	R/m	0.025~0.090
球体数量	个	7496
拉伸强度	T_F/N	30
剪切强度	S_F/N	30

续表9.2

细观参数	符号及单位	数值
孔隙率		0.41
阻尼系数		0.20

9.4.3.4 三轴数值模拟试验结果

由于模拟颗粒是随机生成的，所以模拟颗粒的宏观力学特性在一定程度上与按颗粒级配得到的宏观力学特性是有一定差别的。根据已拟定的细观参数，经过不断地调整未知细观参数，得到了围压在 100 kPa、200 kPa、300 kPa、400 kPa 下的试样应力-应变曲线，如图 9.10 所示。

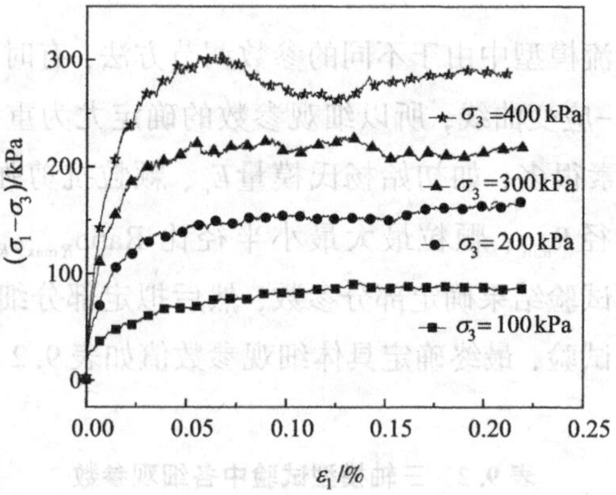

图 9.10　不同围压下偏应力与轴向应变的关系曲线

由图 9.10 可知，在不同围压下，偏应力与轴向应变的关系曲线明显呈非线性关系，围压在 100 kPa、200 kPa、300 kPa 时，试样呈应变硬化型。随着围压的增大，宏观反映试样在剪切弹性阶段的关系曲线越来越陡峭，说明随着围压的增大，试样土体的初始模量在逐渐增大，峰值强度在逐渐提高。据图 9.10 可以找到不同围压下的偏应力最大值，即在围压为 100 kPa、200 kPa、300 kPa 和 400 kPa 时，主应力差的破坏强度值分别为 91.3 kPa、168 kPa、229 kPa 和 308 kPa。

根据摩尔库仑强度理论可知，当土体中任意一点在某平面上发生剪切破坏时，该点即处于极限平衡状态，摩尔应力圆与抗剪强度包络线相切，切点所代表的平面上，剪应力等于抗剪强度，所以由摩尔应力圆及其包络线，可以得到三轴试验材料的抗剪强度指标，$c=13.6$ kPa，$\phi=24.57°$，其在固结快剪(天然尾粉土)测试结果范围内。抗剪强度包络线如图 9.11 所示。

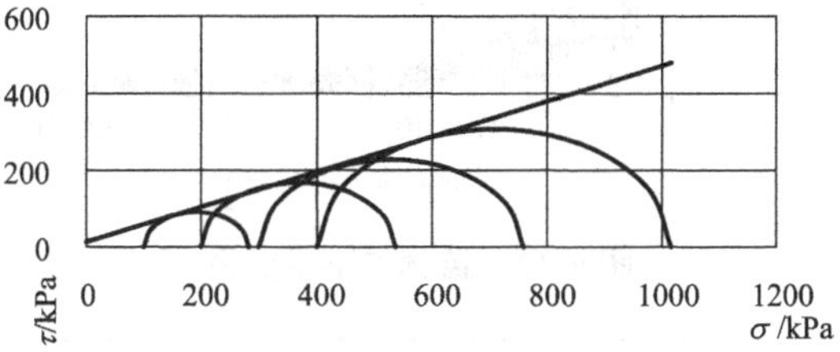

图 9.11　三轴试验抗剪强度包络线

9.5　滑坡运动特征与监测点分析

图 9.12 是监测点颗粒(2、5)的不平衡力时程，可知实际滑移时间为 480 s 时，监测点不平衡力近似为 0，认为已经达到近似稳定状态。图 9.13 是监测点的速度时程，开始阶段前缘颗粒(7、8)最大速度大于后缘颗粒(1、2、3)最大速度，这是因为前缘颗粒首先启动滑移，后缘颗粒受到前缘颗粒的阻挡，滑移速度减慢。图 9.14 是监测点颗粒 *X* 方向位移时程，可知前缘颗粒(5、6、7、8)的 *X* 方向位移先后发生过一次逆转，前缘颗粒受后缘颗粒的推挤及前面山体的阻挡，进而转向废石场继续滑动；图 9.15 是监测点颗粒 *Z* 方向位移时程，可见监测点颗粒(7、8)明显出现一次逆转，前缘颗粒先滑进拦洪坝前的沟谷，在后缘颗粒的推挤作用下，又抬升并继续滑向废石场方向。

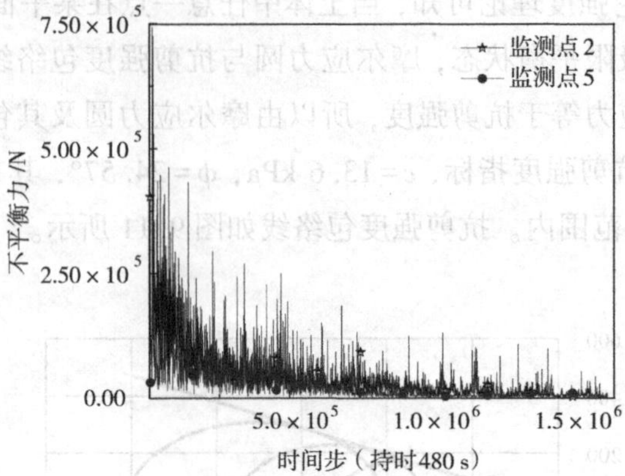

图 9.12　监测点不平衡力

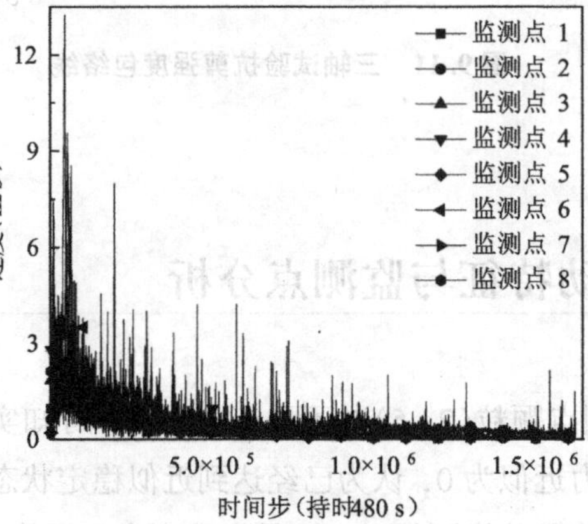

9. 13　监测点速度

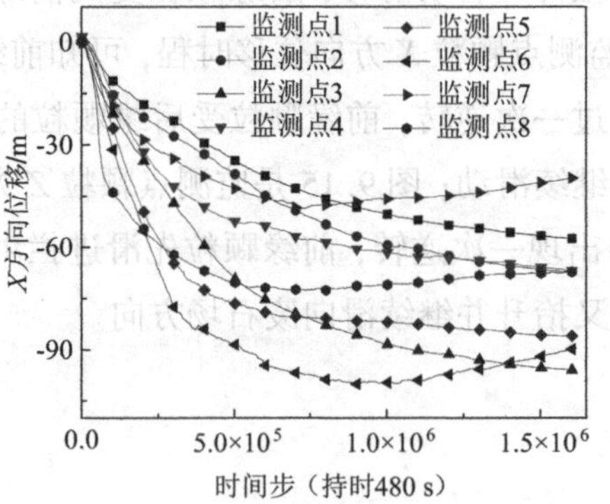

图 9.14　监测点 *X* 方向位移

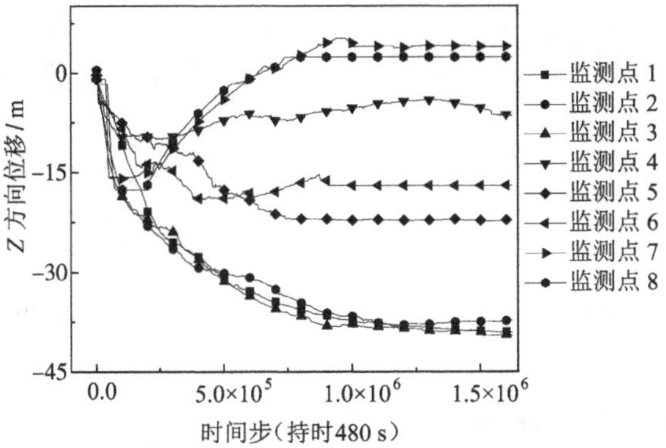

图 9.15　监测点 Z 方向位移

如图 9.16 所示，在重力作用下，记录滑体颗粒在运动过程中，在 $t=60$ s、120 s、180 s、240 s、300 s、360 s、420 s、480 s 八个时刻颗粒的滑移位置。由图 9.16 可知，滑坡对 210 m 平台的边坡存在铲刮作用，有部分颗粒残留在 210 m 平台，在上有堆载和下有掏空双重作用下，不利于 210 m 平台的稳定；大量滑体颗粒受到拦洪坝前的山体阻挡，首先填满拦洪坝前的沟谷，然后向废石场方向移动，覆盖废石场，未越过山体对主井造成影响。图 9.17 是尾矿颗粒堆积体切面，图 9.18 是废石场方向尾矿颗粒堆积体切面，可见大部分滑体颗粒仍然堆积在尾矿库及拦洪坝前的沟谷中，少量尾矿颗粒覆盖废石场 1~3 m 厚，尾矿颗粒往废石场方向最大滑移距离为 281.28 m。

(a) 10 s

(b) 30 s

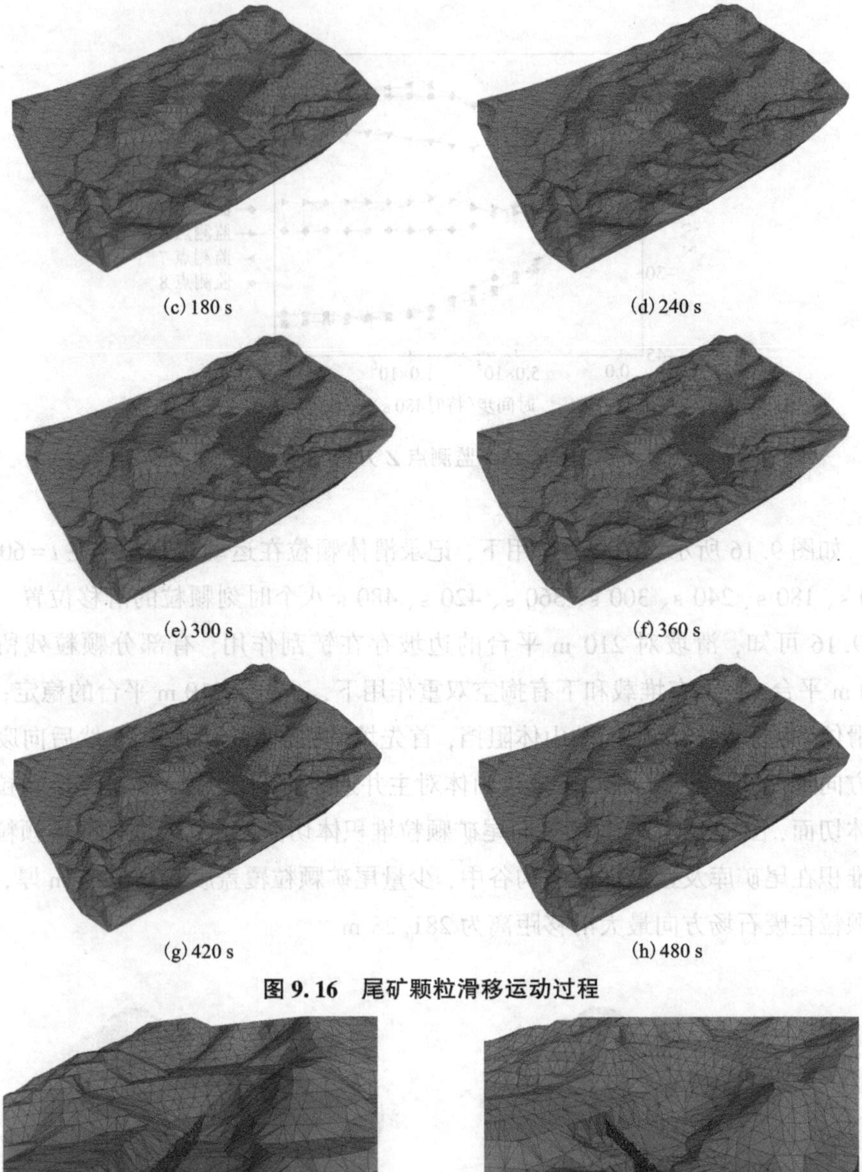

(c) 180 s　(d) 240 s

(e) 300 s　(f) 360 s

(g) 420 s　(h) 480 s

图 9.16　尾矿颗粒滑移运动过程

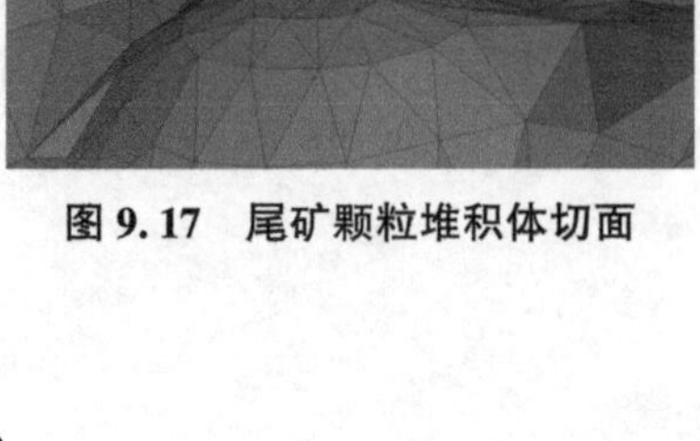

图 9.17　尾矿颗粒堆积体切面

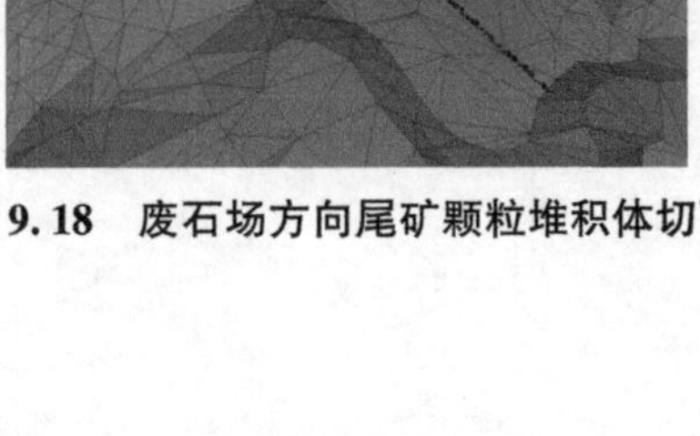

图 9.18　废石场方向尾矿颗粒堆积体切面

参考文献

[1] 潘建平，曾伟，饶运章，等. 下鲍银铅锌矿尾矿库加高扩容稳定性研究报告[R]. 赣州：江西理工大学，2018.

[2] 中国有色金属工业协会. GB 50863—2013 尾矿设施设计规范[S]. 北京：中国计划出版社，2013.

[3] 曹文. 红石岩地震滑坡的运动过程离散元模拟分析[D]. 北京：中国地质大学，2017.

[4] 张志华. 基于 PFC3D 的粗粒土三轴试验细观数值模拟[D]. 宜昌：三峡大学，2015.

图书在版编目(CIP)数据

尾矿坝地震安全评估方法与抗震对策 / 潘建平著.
长沙：中南大学出版社，2024.10.
ISBN 978-7-5487-5954-6
Ⅰ. P315.94
中国国家版本馆 CIP 数据核字第 2024UV8457 号

尾矿坝地震安全评估方法与抗震对策
WEIKUANGBA DIZHEN ANQUAN PINGGU FANGFA YU KANGZHEN DUICE
潘建平　著

□出 版 人　林绵优
□责任编辑　胡小锋
□责任印制　唐　曦
□出版发行　中南大学出版社
社址：长沙市麓山南路　邮编：410083
发行科电话：0731-88876770　传真：0731-88710482
□印　　装　长沙创峰印务有限公司

□开　　本　710 mm×1000 mm 1/16　□印张 13　□字数 233 千字
□版　　次　2024 年 10 月第 1 版　□印次 2024 年 10 月第 1 次印刷
□书　　号　ISBN 978-7-5487-5954-6
□定　　价　68.00 元